산티아고 라몬 이 카할 Santiago Ramón y Cajal, 1852~1934

현대 신경과학의 아버지이자 노벨 생리학·의학상 수상자이며 동시에 특출한 예술가이기도 했다. 그가 남긴 3천여 점에 달하는 그림은 현대 과학사에서 전례를 찾을 수 없는 유산이다. 라몬 이 카할은 우리 몸에서 가장 복잡하고 신비로운 기관인 뇌의 미세해부학 연구에 평생을 바쳤다. 그가 현미경을 들여다보며 무수한 시간을 보낸 끝에 그려낸 초인적인 시각적 묘사는, 오늘날 뇌를 이해하기 위한 지침이 되는 기본 개념들을 확립하는 데 결정적 토대를 마련했다.

라몬 이 카할의 수많은 발견 가운데서도 가장 특별한 것은 뇌가 개별 신경세포, 즉 뉴런들로 이루어져 있음을 알아낸 것이다. 이를 '뉴런주의'라 부르는데, 반세기가 지난 1950년대에 전자현미경이 등장한 뒤 그의 결론이 옳았음이 입증되었다.

라몬 이 카할의 그림들은 정확성 면에서 견줄 대상이 없는 과학의 이정표일 뿐 아니라, 드로잉 예술의 기준점이자 인간 본성 탐구의 길잡이이기도 하다. 이 책에는 '뇌를 구성하는 세포', '감각계', '뉴런 경로', '발달과 병리' 등으로 섹션을 나누어 82점의 뇌 드로잉을 실었으며, 각 그림에 에릭 뉴먼의 친절하고 상세한 과학적 해설을 곁들였다. 책에 실린 그림들은 라몬 이 카할의 뉴런 그림 하면 대표적으로 떠오르는 '대뇌피질의 피라미드뉴런 초상화'부터 망막 신경 회로 속 정보 흐름을 나타낸 경이로운 도해까지 다양한 범위를 망라한다.

섬세하면서고 탐구적인 라몬 이 카할의 자화상 사진과 함께 실린 래리 스완슨의 에세이는 라몬 이 카할이라는 독특한 인물과 그가 과학계와 인류에게 남긴 업적을 소개한다. 린델 킹과 에릭 히멜은 예술적 관점에서 라몬 이 카할의 그림이 지닌 가치와 깊이, 완성도를 살펴보며, 재닛 듀빈스키는 라몬 이 카할이 놓은 토대 위에 세워진 오늘날의 뇌 연구늘늘 소개한나.

표지 그림 산티아고 라몬 이 카할이 그린 사람 소뇌의 푸르키네뉴런
© 2017 CSIC

THE
BEAUTIFUL
BRAIN

이토록 아름다운 **뇌**

THE BEAUTIFUL BRAIN

이토록 아름다운 **뇌**

현대 신경과학의 아버지 **산티아고 라몬 이 카할**의 그림들

래리 스완슨, 린델 킹, 알폰소 아라케, 에릭 뉴먼, 에릭 히멜, 재닛 듀빈스키 **엮고 지음**

정지인 **옮김** | 정재승 **감수 및 해제**

아몬드

목차

일러두기
미주는 원문 주석이고, 약물(•)로 표기한 각주는 옮긴이의 것이다.

권두삽화 라몬 이 카할*이 서른 다섯 살이던 1886년에 촬영한 자화상 사진 네 장.

앞면 1910년경, 50대 후반의 라몬 이 카할이 촬영한 자화상 사진.

왼쪽 면 1885년 발렌시아에서 라몬 이 카할(가운데)이 가족, 친구 들과 함께 포즈를 취하고 있다. 라몬 이 카할의 왼쪽 어깨 뒤에 서 있는 사람이 아내 실베리아다. 남자들은 가스터 클럽이라는 발렌시아의 친목 모임 회원들이며, 이들은 일요일이면 모여서 소풍을 가거나 등산을 하거나 사진을 찍었고, 라몬 이 카할이 즐겁게 회상했듯이 "맛있고 유명한 발렌시아의 빠에야를 먹었다".

• 라몬은 아버지의 성, 카할은 어머니의 성으로 '라몬 이 카할' 전체가 성이다.

아름다운 뇌

에릭 A. 뉴먼, 알폰소 아라케, 재닛 M. 듀빈스키

현미경과 실험용 화학물질이 있는 정물, 라몬 이 카할이 촬영했다.

산티아고 라몬 이 카할Santiago Ramón y Cajal, 1852~1934은 뇌의 구조와 기능을 연구하는 학문인 현대 신경과학의 아버지라는 지당한 평가를 받아왔다. 신경 해부학자로서 그는 50년이 넘는 세월에 걸쳐, 오늘날 우리가 알고 있는 신경계의 모습을 그대로 보여주는 그림을 2900장 넘게 그렸다. 또한 뉴런neuron(뇌를 이루는 신경세포)의 구조와 뉴런 간 연결부터, 생애 초기 뇌에서 일어나는 변화, 손상이 일어난 후 뇌에 생기는 변화까지 뇌의 여러 양상을 연구했다. 라몬 이 카할이 이런 연구를 수행한 방법은 얇게 저민 뇌의 절편을 현미경으로 관찰하는 것이었는데, 이때 다양한 유형의 뇌세포 및 세포 속 여러 구조물의 모습이 도드라지게 보이도록 뇌 절편을 화학 염료로 염색했다. 특히 그는 이탈리아의 생물학자 카밀로 골지Camillo Golgi가 개발한 염료를 사용해 뇌세포들을 깊고 진한 검정색으로 물들였는데, 이에 그치지 않고 골지 염료 제조법을 개선하여 더욱 정교한 뉴런 이미지들을 얻어냈다. 이 책에 실린 그림 중 다수가 골지 염료로 염색한 뇌 절편들을 기반으로 그린 것이다.

라몬 이 카할은 죽은 뇌 조직을 보면서 살아 있는 뇌의 모습을 상상해내는 능력이 탁월했다. 심장의 구조를 살펴보고 심장이 혈액을 어떻게 펌프질하는지 추론하기는 비교적 쉽다. 하지만 수십억 개의 세포로 이루어진 조직과 상호 연결을 보고서 뇌의 작동 방식을 알아내는 일은 훨씬 어렵다. 이게 바로 라몬 이 카할이 해낸 일이다. 뇌 내부에서 전기 자극을 통해 정보가 전달된다는 사실은 이미 18세기 후반에 루이지 갈바니^{Luigi Galvani}가 밝혀낸 후로 세상에 알려져 있었다. 하지만 그 정보가 어떻게 전달되는지는 그로부터 한 세기가 지나서야 라몬 이 카할이 밝혀냈다. 그는 '역동적 분극화 이론^{Theory of Dynamic Polarization}'을 통해, 뉴런 내부에서 전기신호의 형태를 띤 정보가 가지돌기에서 세포체로, 이어서 축삭돌기로 이동하는 방식을 설명했다. 그리고 후대의 연구들로 라몬 이 카할의 이 설명이 옳았음이 증명되었다.

이어서 라몬 이 카할은 당시 사람들 대부분의 믿음과 달리, 뇌가 뇌세포의 부속물인 신경돌기들이 서로 연결되어 이루어진 단일체 네트워크가 아니라 각자 독립적인 세포들(뉴런)이 모여 구성된 것이라고 주장했는데, 이를 '뉴런주의^{Neuron Doctrine}'라고 한다. 나아가 라몬 이 카할은 뉴런을 구성하는 중요한 요소들도 여럿 발견했다. 이를테면 다른 뉴런으로부터 신호를 받는 가지돌기가시^{dendritic spine}, 축삭돌기가 정확하게 길을 찾아 뻗어가 뉴런이 다른 뉴런과 시냅스에서 만날 수 있도록 해주는 성장원추^{growth cone} 등이 그가 발견한 것이다.

놀라운 점은 라몬 이 카할이 상세히 묘사한 뇌 그림들이 한 세기가 지난 오늘날까지도 유의미하다는 것이다. 우리가 여전히 그의 그림들을 참고하고 수록하는 이유는 명료함과 보편적 개념을 표현하는 능력에서 범접할 수 없는 수준을 갖추고 있기 때문이다. 수십 장의 사진보다 라몬 이 카할의 그림 한 점이 기본 원리나 연속된 사건을 훨씬 명료하고 간략하게 설명해주는 경우가 많다. 과학 강연이나 출판물의 서두에서 라몬 이 카할의 그림을 보여주는 일도 드물지 않은데, 이는 그 주제를 청중이나 독자에게 소개하는 데 그보다 더 나은 방법이 없기 때문이다. 또한 상상력을 자극하는 절묘한 아름다움 역시 그의 그림이 발휘하는 힘의 큰 부분이다.

이 책에는 라몬 이 카할이 그린 뇌 그림 80여 점을 실었다. (뇌 이외에도 곤충의 다리 근육이나 이동 중인 혈액세포 등 라몬 이 카할의 광범위한 관심사를 보여주는 다른 조직 그림도 몇 점 포함시켰다.) 이미 잘 알려진 그림도 있지만, 그가 발표했던 과학 논문에 수록했던 것을 제외하면 이전에 한 번도 공개된 적 없는 그림들도 담겨 있다. 그림마다 각 그림의 주제와 과학적 중요성을 소개하는 글도 함께 실었다. 그 외에 라몬 이 카할의 삶, 그의 그림과 당대 예술 및 문화와의 관계를 짚는 글도 두 편 만날 수 있다. 또 한 편의 글은 현대의 신경과학 영상 기법들을 설명하며 오늘날의 신경과학 연구 현장으로 독자를 안내한다. 라몬 이 카할 시대에 오늘날과 같은 기술들이 있었다면 그도 분명 기꺼운 마음으로 그 기술을 활용했을 것이다. 이제 라몬 이 카할이 그림으로 보여준 아름다운 뇌의 모습을 즐거이 감상하시기 바란다.

산티아고 라몬 이 카할

래리 W. 스완슨

우리 뇌가 수수께끼로 남아 있는 한, 뇌 구조의 반영인 우주 역시 수수께끼로 남을 것이다.
—산티아고 라몬 이 카할

19세기 생명과학계의 거인 중 몇 사람은 전 세계 대중에게 널리 알려져 있다. 영국의 찰스 다윈은 자연선택에 의한 진화론으로 지구의 생명에 관한 우리의 사고에 혁명을 일으켰고, 프랑스의 루이 파스퇴르는 사람의 질병에서 미생물이 하는 역할을 규명함으로써 수많은 생명을 구했다.

현대 신경과학을 창조하는 데 그 누구보다 큰 역할을 한 산티아고 라몬 이 카할은 과학적 성취에서 그들에게 전혀 뒤지지 않는데도 그의 조국 스페인이나 과학자들의 좁은 범위 밖에서는 다윈이나 파스퇴르만큼 명성을 얻지 못했다. 왜 그럴까? 가장 큰 이유는, 생물학적 네트워크로서 뇌가 작동하는 방식을 완전히 새로운 견지에서 설명하고 그려낸 라몬 이 카할과 동시대인들의 업적을, 일반 대중이 쉽게 이해할 수 있도록 설명하기가 어렵기 때문이다. 그들의 노고와 설명이 오늘날에도 여전히 신경과학의 토대로 남아 있는데도 말이다.

라몬 이 카할은 다층적이고 매혹적이며 매우 독특한 인물이며, 그의 주된 연구의 줄기를 잘 따라가 본다면 뇌의 작동 방식에 대한 통찰을 어렵지 않게 이해할 수 있다. 라몬 이 카할의 연구 경력은 이탈리아의 조직학자 카밀로 골지와 함께 노벨 생리학·의학상을 수상한 1906년에

30대에 서재에서 촬영한 자화상 사진.

정점에 달했다. 이 수상은 노벨상 역사상 유달리 흥미로운 사건 중 하나로 꼽힌다. 공동 수상한 두 과학자가 뇌의 기본 구조, 그러니까 신경계의 기본 구조에 관해 서로 정반대되는 이론을 제시했기 때문이다. 처음부터 훨씬 더 많은 과학자에게 지지받은 라몬 이 카할의 관점은 신경과학계를 양분한 두 진영 간의 맹렬한 경쟁 구도를 설정했다. 앞으로 설명하겠지만 결정적 증거는 그로부터 50년이 지나서야 나왔다.

우리가 라몬 이 카할의 초기 삶과 과학 경력에 관해 아는 사실은 대부분 자서전《내 인생의 회상Recuerdos de mi vida》에 실린 내용을 기반으로 한다. 이 책은 역사상 유독 잘 쓰인 과학자의 자서전으로 평가받으며, 이를 능가하는 책이라면 다윈의 자서전 정도를 꼽을 수 있다.

라몬 이 카할은 스페인 북동부의 작고 가난한 마을 페티야 데 아라곤에서 태어났다. 아버지는 농부의 아들이었는데 열심히 공부하여 결국 지역에서 존경받는 의사가 되었다. 어린 시절 성실한 학생은 아니었던 라몬 이 카할은 자신을 수줍고 사회성 없고 비밀스러우며 퉁명스럽고 천성적으로 권위를 싫어하고 힘 있는 자들에게 도저히 아첨할 줄 몰랐던 사람으로 묘사했다. 게다가 친구들과 사소한 말썽을 부려 자주 야단을 맞았는데, 그가 열네 살 무렵 친구들을 위해 쓴 첫 번째 진지한 글쓰기 시도는 새총을 디자인하고 사용하는 방법에 관한 글인 〈돌 다듬기 전략Estrategia lapidaria〉이었다. 이른 나이부터 그에게는 스스로 '기벽'이라 칭할 정도의 강박적인 성격이 있었다. 여덟 살 때는 눈에 보이는 모든 걸 그렸고(본인은 이를 '낙서광증'이라 표현했다), 이어서 가능한 한 많은 종류의 새와 새알, 새 둥지를 수집했으며, 수제 '대포'를 만들었고, 보디빌딩을 했으며, 할 수 있는 한 많은 판의 체스 게임을 동시에 두기도 했다.

그가 빠져 있던 수많은 취미 가운데 그림 그리기와 사진 촬영은 이후 과학 경력에서도 큰 역할을 했다. 물론 그의 아버지는 아들이 자기를 따라 의사가 되기를 바랐지만 아들에게는 의사가 되고 싶은 마음이 전혀 없었다. 그보다는 화가가 되고 싶었다. 아버지는 이런 아들의 야망에 은근슬쩍 제동을 걸려고 미장이 겸 장식가에게 아들의 예술적 재능을 평가해달라고 부탁했다. 예상대로 기본적으로 재능이란 게 전무하다는 평가가 나왔다. 하지만 이 평가도 그의 예술 활동에 이렇다 할 영향을 미치지 못했고, 몇 년 뒤 루이 다게르Louis Daguerre가 발명한 실용적인 사진술에서 영감을 받은 열여섯 살의 라몬 이 카할은 촬영, 인화, 현상 방법까지 독학해 자기 인생의 거의 모든 시절을 기록한 훌륭한 자화상 사진 시리즈를 남겼다.

리몬 이 카할의 아버지는 마침내 아들과 함께 일할 기회를 찾아냈다. 근처 사라고사 의대에서 학생들에게 인체 해부학을 가르치는 일을 도와달라고 아들을 설득한 것인데, 이 시도는 꽤 성공적이었다. 라몬 이 카할은 인체에 관해 배우는 것을 좋아했고, 자신의 재능을 활용해 해부학 책에 실을 해부도를 훌륭하게 그려냈다. 이는 거슬러 올라가면 1543년에 안드레아스 베살리우스Andreas Vesalius의 기념비적인《인체 해부학 대계De corporis humani fabrica libri septem (인체 구조에 관한 일곱 권의 책)》의 삽화를 그렸던, 티치아노 베셀리오Tiziano Vecellio의 작업실에서 일하던 예술가들에게까지 가닿는 전통이다.

이 일에서 영감과 자극을 받은 라몬 이 카할은 사라고사 의대에 입학하여 1873년 스물한 살의 나이로 의사 개업 자격증을 받고 졸업했다. 같은 해 육군의무대 소속으로 쿠바에 파견되었는데, 말라리아에 걸리는 바람에 일 년 만에 제대했다. 회복하기는 했지만 말라리아를 앓는 동안 몸이 몹시 약해진 라몬 이 카할은 의사로 일하는 아버지처럼 육체적으로 고된 삶 대신 의대 교수로 사는 관조적인 삶을 선택했다. 1875년, 카할은 사라고사 의대의 해부학과에서 임시 조교로 일하며 말 그대로 밑바닥부터 시작했다. 이 시절 그는 자기 돈을 들여 집에 실험실을 마련하고, 아버지에게 배운 육안 해부학이 아닌 신체 조직을 현미경으로 관찰하는 조직학•을 익히기 시작했다.

베살리우스 시대 이후로 의대에서는 육안으로 확인하는 인체 해부학을 정규 과목으로 가르쳤다. 신체의 작동 방식을 배우고 부검으로 사망 원인을 찾아내기에 적합한 방법이기도 하거니와 수술을 하려면 가장 먼저 알아야 하는 지식이기도 했기 때문이다. 반면 조직학은 독일 광학 산업이 성능 좋은 현미경을 발명한 1830년대에 들어서야 제대로 발전하기 시작했다. 1830년대가 끝나갈 즈음 마티아스 슐라이덴^{Matthias Schleiden, 1838}과 테오도어 슈반^{Theodor Schwann, 1839}이 고전적 저작들을 통해 조직학의 개념 틀인 세포 이론의 토대를 놓았다. 세포 이론의 특기할 점은, 고대에 아리스토텔레스가 기관과 조직에 관한 고전적 학문의 기초를 놓은 이후 처음으로 새로운 수준에서 생물학적 조직을 기술했다는 점이다. 기본적으로 세포 이론은 식물과 동물의 모든 조직이 '세포'라는 매우 작은 개별 단위로 구성되며, 조직에 따라 세포의 종류도 다르다는 주장이다. 조직학에서 처음부터 가장 어려웠던 문제는 신경계(뇌, 척수, 신경)를 이루는 세포의 성격을 밝혀내는 일이었다. 라몬 이 카할이 첫 번째로 발표한 과학 저작은 상처 입은 조직의 염증 반응에서 일어나는 변화에 관한 것으로, 이는 의학적으로 매우 중요한 주제였다. 1880년에 발표한 이 글은 자기 집에 마련한 개인 실험실에서 진행한 연구를 바탕으로 썼다. 같은 해에 그는 실베리아 파냐나스 가르시아^{Silveria Fañanás García}와 결혼했는데, 이후 아들 넷과 딸 넷을 키우는 책임은 결국 그의 아내가 거의 전담했다. 3년 후인 1883년, 서른한 살의 카할은 해부학 교수로 발렌시아대학교 의대 교수진에 합류했고, 그곳에 도착하자마자 스페인어로 된 최초의 독창적인 조직학 교과서를 쓰기 시작하여 1889년에 출간했다.

당시에는 파스퇴르를 비롯한 많은 이들의 연구 덕에 미생물학이 의학 연구에서 가장 흥미와

• 조직학(組織學, histology)은 현미경 해부학(microscopic anatomy) 또는 미세 해부학(microanatomy)이라고도 한다.

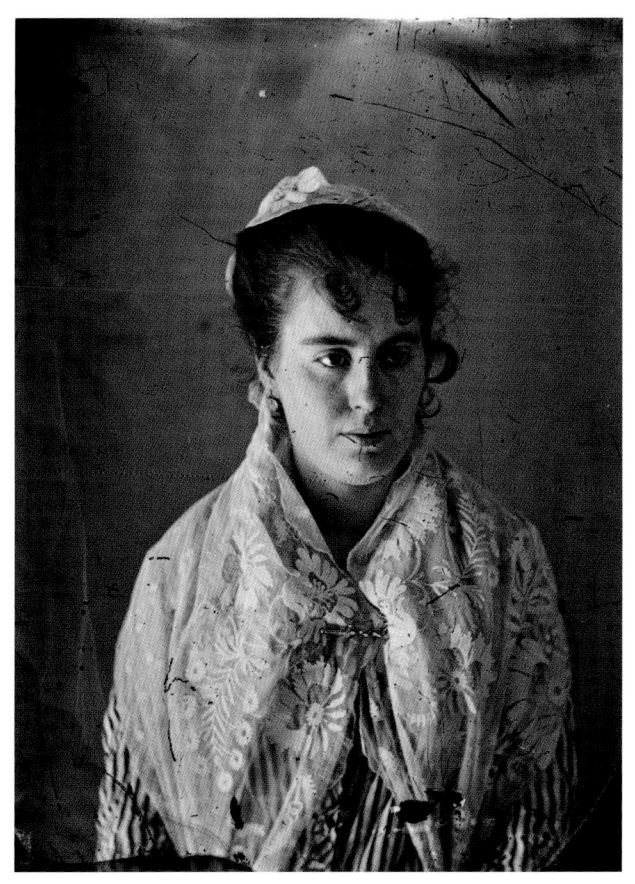

인기를 끄는 분야였지만, 라몬 이 카할은 의도적으로 다른 길을 택했다. 그는 이렇게 썼다. "마침내 나는 조직학이라는 조심스러운 경로, 고요한 즐거움의 길을 선택했다. 내가 호화로운 마차를 타고 그렇게 좁은 길[미생물학]을 지나갈 수 없는 사람이란 걸 나는 잘 알았다. 하지만 아무도 모르는 나만의 모퉁이에서 미세한 생명의 매혹적인 광경을 관찰하고, 현미경 접안경을 통해 우리 모두의 몸속에서 끊임없이 붕붕거리는 벌떼 소리에 귀 기울이는 일은 분명 나를 행복하게 할 터였다."[1]

라몬 이 카할은 학생들을 가르치고 교과서를 집필하면서, 19세기 신경학이 답을 찾지 못한 중요한 질문 하나를 예리하게 의식하게 되었다. 그건 바로 성인의 신경계에서 신경 임펄스(뉴런에서 전달되는 전기신호)가 한 뉴런에서 다른 뉴런으로 어떻게 전달되는가 하는 의문이었다. 예컨대 피부에서 통증 자극을 감지하는 감각뉴런과 그 자극을 피하려고 근육을 움직이는 척수 속

운동뉴런은 서로 어떤 관계인가? 다시 말해, 건강과 생존에 직결되는 신경계의 기본적 보호 기능인 반사작용의 세포적 기반은 무엇인가?

1887년에 마드리드를 방문했을 때, 라몬 이 카할은 순간적인 통찰의 번득임으로 이 거대한 질문에 답할 방법을 알아차렸다. 마드리드에는 루이스 시마로 라카브라 ^{Luis Simarro Lacabra}라는 친구를 만나러 간 길이었는데, 이 친구는 얼마 전 파리에 갔다가 조직학의 새로운 기술 하나를 배워서 돌아온 참이었다. 그 운명적 순간은 라몬 이 카할이 골지 기법으로 염색한 신경조직 슬라이드를 현미경으로 들여다보았을 때 찾아왔다. 다른 방법들은 모든 신경세포를 도저히 풀 수

사진 매체에 매료되었던 라몬 이 카할은 자화상 사진과 가족사진, 정물사진, 현미경사진뿐 아니라, 소풍이나 여행을 갔을 때 스테레오 카메라로 입체사진을 찍는 것도 좋아했다.

위 프랑스 비아리츠 해변의 젊은 여자들.

없이 엉킨 실타래처럼 한데 뭉친 모습으로만 보여주었다. 하지만 골지가 1873년에 우연히 발견한 이 방법은 달랐다. 골지 염색법을 쓰면 모든 뉴런이 아닌 일부 뉴런만 염색되는데, 염색된 뉴런들은 전체가 아름답도록 선명하게 물들어 그 모습이 오롯이 드러났다. 연한 노란색 바탕에 짙고 검은 실루엣으로 나타나 그걸 보면 곧장 펜과 잉크로 그릴 수 있을 것 같았다. 이는 기적적인 결과였으나, 오늘날까지도 어떻게 이렇게 염색이 되는지 그 메커니즘은 완전히 규명되지 않았다.

이상하게도 이 염색 기법은 그때까지 14년 동안 골지와 몇 안 되는 그의 제자들, 그리고 파비아에 있는 골지의 연구실을 다녀간 사람들만 사용하고 있었다. 발렌시아로 돌아간 카할은 금세 그 이유를 깨달았다. 골지의 방법은 시간이 매우 오래 걸릴 뿐 아니라 무척 변덕스러워서 같은 염료를 써도 그때그때 다른 결과를 내놓았다. 카할은 이 방법의 일관성과 유용성을 개선하기 위해 지칠 줄 모르고 일했는데, 그 결과는 엄청났다. 1888년에 그는 이렇게 썼다. "올해는 나의 가장 위대한 해, 행운의 해다. (…) 2년 동안 그렇게 고생했는데도 도저히 잡히지 않던 것이 문득 무슨 계시처럼 머릿속에 떠올랐다. 소뇌를 연구할 때 내가 처음으로 발견한, 회색질 속 신경세포의 형태와 연결을 지배하는 법칙이 이후 내가 검토한 모든 기관에서 확인되었다."[2] 또한 "아주 비옥한 분야를 발견했음을 깨달은 나는 그걸 잘 활용하기로 마음먹었고, 이제는 단지 진지함만이 아니라 격정을 품고서 그 일에 헌신적으로 매달렸다."[3] 그는 하루에 열다섯 시간씩 일하는 날도 많았고, 한 가지를 발견할 때마다 하룻밤을 꼬박 자지 못한다고 불평하기도 했으며, 1890년 한 해에만 신경계에 관한 놀라운 과학 논문을 열네 편이나 발표했다.

이 열정적인 과학적 발견의 시기에 라몬 이 카할이 밝혀낸 신경계의 법칙들에는 어떤 것이 있을까? 그가 발견한 법칙들은 골지가 뉴런 사이의 관계에 대해 제시한 해석과는 아주 대조적이다. 골지는 자신의 염색 기법을 활용해 뉴런에는 세포체^cell body(핵과 염색체를 품고 있는 세포의 주요 부분)에서 가느다랗게 뻗어 나오는 신경돌기들이 있으며, 이런 돌기는 근본적으로 다른 두 유형으로 나뉜다는 것을 분명히 보여주었다.

골지는 이 관찰에 이어 뉴런의 돌기 중 현재 가지돌기^dendrite라 불리는 유형의 돌기는 한마디로 나무의 뿌리처럼 영양을 공급하는 기능을 담당한다고 추측했고, 현재 축삭돌기^axon라 불리는 또 다른 유형의 돌기는 뉴런 사이에서, 또 뉴런과 다른 세포들(근육세포나 샘세포 등) 사이에서 전기신호를 전달한다고 추측했다. 그러니까 골지가 생각하기에 뉴런 사이를 연결하는 것은 오로지 축삭돌기뿐이었다. 게다가 골지는 뉴런이 축삭돌기를 통해 서로 직접 연결되어 있으며, 그 결과 신경망이라는 연속적인 네트워크를 거미줄처럼 형성한다고 생각했다. 이를 '망상網狀 이론 Reticular Theory'이라고 하며, 골지가 그런 생각을 하고 있던 당시에는 이 이론이 대세였다. 골지의 설명은 당대에 우세하던 망상 이론의 관점에 맞춘 것이었다.[4]

역시나 골지의 염색 기법을 사용하기는 했지만, 라몬 이 카할은 골지와는 근본적으로 다른 결론에 이르렀다. 결국 라몬 이 카할의 결론이 옳은 것으로 밝혀지면서 그가 더 나은 관찰자이자 더 독창적이고 비판적이며 통찰력 있는 사유자임이 드러났다. 기본적으로 그는 오늘날에도 여전히 유효한 뇌와 신경계의 세포 연결에 관한 개념적 틀을 제시했다. 이 개념 틀은 라몬 이 카할이 처음에 새의 소뇌에서 발견했고 이어서 신경계의 거의 모든 부분에서 체계적으로 확인한 두 가지 근본 원리를 기반으로 한다.[5]

첫째 원리는 오래전부터 '뉴런주의'라고 알려진 것으로, 단순하게 설명하면 이렇다. 뉴런은 신경계 회로의 구조적·기능적 단위이며, 다른 뉴런과 접촉 또는 근접의 방식으로 상호작용하는 것이지 망상 이론에서 말하는 것처럼 통째로 이어져 있지는 않다. 그가 말한 뉴런과 뉴런 사이, 그리고 뉴런과 다른 세포들 사이에서 일어나는 상호작용의 정확한 성격은, 훨씬 이후인 1950년 대에 전자현미경이 뉴런 사이의 아주 좁은 틈, 즉 시냅스synapse라는 의사소통 담당 부위를 시각화할 수 있게 되면서야 비로소 제대로 이해되었다.

둘째 원리는 라몬 이 카할이 '역동적 분극화 이론'이라 부른 것으로, '기능적 분극성'이라고도 한다. 이 이론의 핵심은 정보가 각 뉴런을 차례로 관통하고, 그럼으로써 신경회로를 관통하여 흐를 때 한 방향으로만 흐른다는 것이다. 즉 정보가 가지돌기에서 세포체로, 이어서 축삭돌기로만 흐른다는 것인데, 이는 곧 가지돌기가 (골지가 제안한 것처럼) 나무의 뿌리 같은 기능을 하는 것이 아니라 뉴런에 입력되는 정보를 받는 역할을 한다는 의미다. 반대로 축삭돌기는 뉴런에서 출력을 담당하며, 골지가 주장한 것과 달리 뉴런들은 서로 직접 연결되어 있지 않다. 카할이 새의 소뇌에서 처음으로 관찰한 것처럼, 축삭돌기와 거기서 뻗어 나온 축삭곁가지axon collateral들은 일반적으로 볼록하게 부푼 부분(축삭 말단)으로 끝나고, 이 볼록한 부분은 가지돌기나 세포체 근처에 자리하고 있다. 지금 우리는 신경 임펄스가 축삭돌기를 타고 내려가 축삭 말단에 이르며, 축삭 말단에서 신경전달물질을 시냅스 틈새로 방출하여 '시냅스 후 가지돌기'나 '세포체'에 작용한다는 것을 알고 있다.

이 연구의 전체적인 내용은 두 권으로 된《인간 및 척추동물의 신경계 조직학Histología del sistema

마드리드 거리의 곡예사들.

nervioso del hombre y de los vertebrados, 1899》이라는 현대 신경과학의 위대한 고전에 제시되어 있으며, 이 책에는 라몬 이 카할이 그린 삽화가 1000점 넘게 실려 있다. 이 기념비적 저작의 출판에 이어 라몬 이 카할은 실험신경학이라는 완전히 새로운 분야를 탐구하고 그 결과도 역시나 두 권으로 된 기념비적 저작《신경계의 퇴행과 재생에 관한 연구Estudios sobre la degeneración y regeneración del sistema nervioso, 1913~1914》로 펴냈다.

그런데 라몬 이 카할이라는 사람에게는 전혀 다른 측면도 있었다. 그는 컬러 사진의 기술과 예술에 관한 초창기 책들 중 한 권을 썼고, 스페인에서는 뛰어난 문학가로도 명성을 떨쳤다. 앞에서 언급한 자서전뿐 아니라《커피를 마시며 나누는 담소Charlas de café》라는 재미있는 아포리즘 집도 썼는데, 이 책은 오늘날에도 여전히 출판되고 있다. 젊은 과학자들에게 아버지처럼 충고해주는 책인《과학 연구에 관한 규칙 및 조언Reglas y consejos sobre investigación científica》(영어 번역본 제목은 《젊은 연구자를 위한 조언Advice for a Young Investigator》)도 있고, 여든 살이 되어 동맥경화증에 시달리며 자신의 생각을 정리한《여든 살에 바라본 세상El mundo visto a los ochenta años》도 있으며, 심지어 공상과학 단편집까지 펴냈다.

이 위대한 인물은 1934년 10월 17일에 평화롭게 숨을 거두었고 장례식은 간소하게 치러졌다. 다양한 계층의 수많은 스페인 사람들이 몰려와 그의 장례식에 참석했고, 마드리드의 네크로폴리스에, 54년을 함께한 아내 곁에 묻혔다.

오렌지, 포도, 장미, 제라늄, 꽃다발이 있는 정물. 1912년경 카할이 촬영한 컬러 사진.

아름다운 뇌를 그리다

린델 킹, 에릭 히멜

인체의 형태는 서양 미술의 가장 큰 주제이지만, 해부학적 삽화는 미술사에서 그리 큰 역할을 하지 못했다. 조각 작품에서 인체를 정확하게 묘사한 것을 보면 알 수 있듯이 고대 그리스인들과 로마인들은 육안 해부학(해부하지 않고도 볼 수 있는 구조)에 관한 이해가 깊었다. 그러나 이러한 해부학적 지식은 예술을 종교의 협력자로 보았던 중세를 거치는 동안 거의 사라졌다. 15세기에 이르러, 우주의 중심이라는 신의 위치를 인간이 대체하기 시작한 이탈리아에서 예술가들이 인물의 누드상을 더욱 정확히 묘사하기 위해 육안 해부학에 비로소 다시 관심을 기울였고, 의사들은 처음으로 예술가들을 해부실로 데려와 자신들이 관찰한 것을 시각적으로 기록했다. 이어 몇 세기에 걸쳐 해부학적 삽화를 담은 대단한 책들이 나왔지만, 인체 내부를 그린 그림으로 미술을 사랑하는 대중에게까지 폭넓게 사랑받은 예술가는 단 한 사람뿐이었다. 바로 넘치는 호기심으로 과학적 탐구를 극단까지 추구했던 레오나브노 나 빈치나. 400년 동인 사라졌던 디 빈치의 해부학적 그림들은 과학적 삽화로서뿐 아니라, 살아 있는 육체에서 인간의 본성이 나온다는 새로운 관념의 표현으로서도 오늘날까지 큰 존경을 받고 있다.

스페인의 신성과학사 산티아고 라몬 이 카할에 데헤서도 똑같은 말을 할 수 있다. 7의 작품들은 오늘날에도 여전히 과학 문헌에 삽화로 실리며 널리 알려져 있고, 다 빈치처럼 그 역시 예

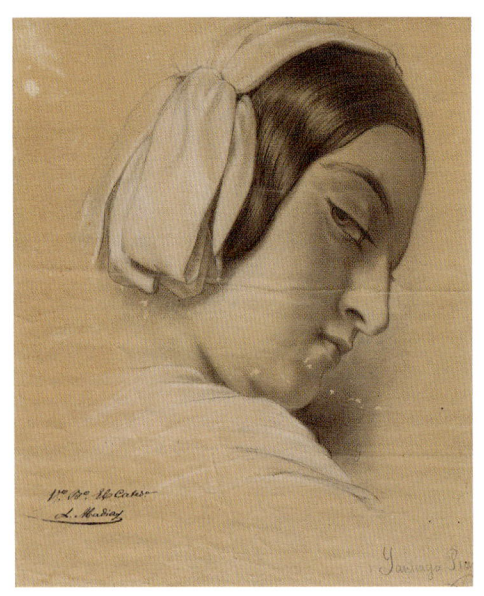

왼쪽 1868년 라몬 이 카할이 16세이던 우에스카 예술 아카데미수업 시간에 그린 소녀의 초상.

오른쪽 아예르베의 카스바스에 있는 우리 성모 예배당이 보이는 풍경. 1871년경 십 대 후반의 라몬 이 카할이 그린 수채화.

술과 과학에 비범한 재능이 있었다. 라몬 이 카할이 남긴 거의 3천 점에 달하는 그림들은 그가 현미경으로 관찰한 뇌의 해부학적 조직뿐 아니라 오늘날 우리가 알고 있는 그대로의 뇌 구조를 여실히 보여준다.[6] 자연의 기본적 사실에 관한 철저히 과학적인 설명을, 설명자 본인이 직접 그린 정밀한 그림들로 뒷받침한 비슷한 예는 다른 어디서도 찾아볼 수 없다. 예술에 대한 감정이 어찌나 강렬했던지, 라몬 이 카할은 자서전《내 인생의 회상》을 두 부분으로 나누어 앞부분에서는 자기 인생에서 예술이 맡은 역할에 관해 열정적이면서도 혼란스러운 마음을 담아 서술했고, 뒷부분에서는 과학자로서의 경력을 좀 더 차분하게 이야기했다. 실제로 라몬 이 카할은 과학과 예술이 한데 엮여 만들어진 인물이라고 볼 수 있다.

라몬 이 카할은 어린 시절 (말썽을 피우는 일 외에) 자연과 그림을 꼼꼼히 관찰하는 것에 푹 빠져 있었다고 회상했다. 자연을 향한 사랑에 관해서는 이렇게 썼다. "모든 자유 시간에는 (…) 마을 외곽을 헤매며 멋진 협곡, 범람원, 샘, 바위, 언덕을 탐험했다."[7] 그림 그리기를 두고는 이렇게 표현했다. "(내게는) 낙서를 향한 억누를 수 없는 열광이 있었다. (…) 연필이 마치 마술 지팡이인 것처럼 종이 위에 내가 꾼 꿈들을 옮겨 놓으며, 내 마음속 환상에 따라 세상을 구축했다."[8]

라몬 이 카할은 자신이 화가가 되지 못한 결정적 이유는 아버지의 반대였다고 분한 듯이 말했지만, 아버지의 반대도 그가 미술을 공부하는 것까지 막지는 못했다. 십 대 시절이던 1866년에는 우에스카의 주도에 있는 예술 아카데미에서 고대 로마와 그리스의 조각 작품을 본떠 만든 석고 모형을 보고 그림을 그리고 르네상스 시대의 그림들을 모사했는데, 이는 다 빈치 시대에 미술 실력을 갈고닦을 때 썼던 것과 비슷한 방법이었다. 그러나 소실되지 않고 남아서 라몬 이 카할의 아카이브에 보관된 그 시절의 그림들을 보면, 화실에서 딱딱하고 부자연스러운 초상화(24쪽 왼쪽 그림)를 그릴 때보다 바깥에 나가 스페인의 따뜻한 태양 아래서 동네 풍경을 자세히 관찰하며 수채화(24쪽 오른쪽 그림)를 그릴 때 더 행복해했던 게 분명해 보인다.

라몬 이 카할이 열여섯 살쯤 되었을 무렵, 아버지는 해부학 연구용 뼈를 훔칠 목적으로 도굴할 때 아들을 공범으로 데려갔다. 그렇게 훔친 뼈들은 라몬 이 카할이 그림을 그릴 또 하나의 소재에 불과했지만, 아버지와 선생님들은 그 뼈 그림들을 보고 감탄했다. 도저히 설득할 수 없었던 반대자가 이제는 그의 스승이 되어 3년 동안 집중적으로 해부와 해부학적 그림 그리기를 그에게 수련시켰다. "전에는 그토록 못마땅해하시던 나의 연필이 드디어 아버지의 눈에 들었다. (…) 내가 그린 해부학 수채화들은 점점 아버지가 상당히 자랑스러워하는 아주 큰 규모의 포트폴리오로 성장했다."9 라몬 이 카할의 설명에 따르면, 그가 스페인의 낙후한 시골 마을에서 세계적 명성이라는 만만찮은 높이까지 올라가는 동안 계속해서 용기를 불어넣어준 것은 그의 예술적 재능에 대한 (자신뿐 아니라 다른 사람들도 느끼던) 자부심이었다.

라몬 이 카할은 화가가 아니라 과학자로서 큰 명성을 얻었지만, 그럼에도 늘 자신의 사고 과정은 시각적 경험과 표현에 빚지고 있다고 말했다. "나는 흔히들 말하는 시각적 유형의 사람이다." 청년 시절 그의 학습은 읽고 암기하고 무미건조한 수업을 듣는 일이 아니라 보고 관찰하고 분해해보는 일을 통해 이루어졌다. 그에게 읽기와 암기와 수업 듣기는 그렇게 배운 내용을 시험지에 오롯이 적어내지 못했을 때 받던 체벌을 곧바로 연상시켰다. "나는 잡다한 단어들을 외우는 기억력이 나빴지만 (…) 명확하고 강력한 시각적 인식으로 단어와 개념을 연결하면 그런 약점을 상당히 보완할 수 있었다." 유년기에 그가 보여준 전형적인 묘기는 "복잡한 독일 연방 지리까지 헷갈리지 않고" 유럽 지도를 오직 기억에만 의지해 그려내는 것이었다. 나중에 그의 초인적인 관찰력은 전설이 되었다. "한번은 모세혈관에서 빠져나오려고 무던히도 애쓰는 백혈구의 느릿느릿한 움직임을 지켜보느라 현미경 앞에서 쉬지 않고 스무 시간을 보낸 일도 있다."10

라몬 이 카할이 선택한 직업, 그러니까 뇌의 미세해부학 연구는 시각적 기억력과 면밀한 관찰력에서 그만큼 비범한 역량을 요구하는 일이다. 맥락을 좀 살펴보면 왜 그런지 이해할 수 있다.

그가 의학 중에서도 자신의 세부 전공을 선택하던 1870년대에 뇌와 신경계는 여전히 미지의 영역이었다. 인체의 다른 주요 계들, 그러니까 육안으로 관찰할 수 있는 해부학적 구조들은 인간의 시력 범위에 맞춰져 있어서 현미경 없이도 해부실에서 바로 그림으로 그릴 수 있었다. 해부실에서는 뇌의 형태와 구조, 다른 기관들과 연결된 신경의 모습은 눈으로 볼 수 있지만, 일단 절단하고 나면 뇌는 상대적으로 구분하기 어려운 회색질과 백색질이 엉겨 있는 덩어리로만 보인다. 뇌를 남다른 기관으로 만드는 핵심 요소들과 여러 세포 유형은 맨눈으로 보이지 않는다. 그러니 뇌 탐구자들은 천문학자와 상당히 비슷한 처지였다. 새로운 시각 보조 도구가 발명되어 인간의 관찰 능력을 높여줄 때만 분야의 발전이 이뤄진다는 점에서 말이다. 뇌의 경우 이런 도구들은 (작은 뇌 절편들을 확대해주는) 현미경과 (각 부분의 세부를 도드라지게 해주는) 화학 염료들인데, 둘 다 19세기가 지나는 동안 점진적으로 개선되었다. 그리고 현미경사진은 아직 충분히 세밀한 이미지를 만들어내기에 적합하지 않았기에 뇌 해부학자들은 자신이 발견한 내용을 전달하려면 그림도 그릴 수 있어야 했다.

뇌는 무척이나 중요한 대상이므로 19세기 말 유럽의 가장 재능 있는 과학자들은 뇌의 비밀을 캐내는 일에 몰두했다. 이는 매우 도전적이고도 논쟁적인 작업이었다. 일이 잘 풀려 현미경으로 뇌의 한 부분을 보았다고 해도 그걸 해석하는 일이 지독하게 어려웠기 때문이다. 라몬 이 카할이 즐겨 쓰던 은유(45쪽 참고)를 빌려 말하자면, 스케치북 하나만 들고 천억 그루의 나무가 있는 숲에 들어가서, 서로 얽혀서 하나하나 잘 구분되지도 않는 나무들을 매일 하루에 몇 그루씩 관찰하면서 몇 년을 보낸 뒤, 그 숲에 관한 휴대용 도감을 펴내려 한다고 상상해보라. 매일 눈에 보이는 걸 단순히 그리기만 해서는 아무런 진전도 이루지 못할 것이다. 그 숲의 구성 규칙을 머릿속에 구축해야 하고, 그런 다음 눈으로 본 것을 그 규칙에 정밀하게 대조할 줄도 알아야 하며, 관찰한 것을 바탕으로 그때까지 머릿속에 품고 있던 개념들을 수정할 수도 있을 만큼 유연해야 한다.[11] 이렇게 어려운 사유와 그림 실력의 조합은 같은 일을 하는 이들 가운데 단연 라몬 이 카할이 최고였고, 그는 신경의 숲을 탐사한 뒤 그 숲에 관한 가장 훌륭한 휴대용 도감을 만들어냈다. 1906년에 노벨위원회에서 후보들의 평가를 의뢰받은 어느 과학자는 보고서에 "우리 사고 구조의 전체 틀을 거의 완전히 구축한 사람이 바로 라몬 이 카할"이라고 썼다.[12]

우리는 라몬 이 카할이 삼십 대 중반에 발렌시아에 있던 자기 연구실에서 직접 촬영한, 그의 가장 잘 알려진 자화상 사진(옆 쪽)을 통해 라몬 이 카할이 일하던 모습을 짐작해볼 수 있다. 그

1885년경 삼십 대 초반의 라몬 이 카할이 발렌시아의 자기 연구실에서 찍은 자화상 사진.

가 앉아 있는 테이블에는 현미경이 놓여 있고 현미경 오른쪽에 그림을 그리는 자리가 있다. 그가 현미경으로 본 이미지와 자신이 스케치하던 종이 위 이미지에 골고루 주의를 기울이는 모습도 상상할 수 있다. 라몬 이 카할은 손이 가는 대로 자유롭게 그리는 방법을 선호했다. 현미경의 상을 종이 위에 투사하여 따라 그릴 수 있게 해주는 장치인 카메라 루시다에 의지하는 일은 거의 없었다. 처음에 연필로 그린 다음 그 위에 인도 잉크로 다시 그리고, 물을 섞은 잉크나 수채물감으로 음영을 더하기도 했을 것이다. 아침에는 스케치는 전혀 하지 않고 현미경만 들여다보며 지내는 일이 많았고, 오후에는 기억을 더듬어 스케치하면서 간간이 현미경을 통해 자신의 관찰을 확인하거나 수정하기도 했다. 자기 마음에 들지 않는 부분을 흰색으로 덧칠해 지운 것(68쪽 참고)을 보면서 우리는 이 과정의 흔적도 엿볼 수 있다.[13] 마지막으로, 그는 모든 그림을 과학책이나 논문에 실어 출판할 의도로 그렸으므로 그림에 참고용 기호를 잉크로 써넣었고, 인쇄물로 발행할 때 그 기호들을 해설하는 일람표도 실었다. 흰 밀랍으로 수정한 자국은 출판될 버전에는 나타나지 않을 것이었고 연필 자국도 그림 원본에서만큼 분명히 보이지 않을 터였으므로, 그는 굳이 그 자국들을 숨기려 하지 않았다. 그러나 인쇄했을 때 그림들이 어떻게 보일지에는 매우 신경을 썼고, 경력 초기에는 품질 좋은 인쇄에 쓸 비용을 마련할 만큼 재정적 여유가 없어서 직접 인쇄를 위한 사진 평판을 만들기도 했다.

라몬 이 카할의 그림은 관찰 결과인 동시에 주장이었다. 그는 특정한 세포 유형에 주의를 집중시키고 싶으면 그 세포를 더 진하게 그리고 다른 세포들은 연하게 그리거나 잉크에 물을 타서 그렸다(56쪽, 128쪽). 강조하고 싶은 세포는 주변과 대비해 비율을 확대해서 그리기도 했다(72쪽). 또한 자연에 나가서 스케치하고 화실로 돌아가 그림을 그린 화가들이 그랬던 것처럼, 서로 다른 뇌 절편에서 가져온 이미지들을 한 그림에 통합하기도 했다(60쪽). 때로는 이렇게 여러 이미지를 조합한 것이 시간 경과를 보여주는 시리즈의 형식을 띠기도 했는데(163쪽), 이는 그만의 독창적인 구성 기법으로 따로따로 관찰한 복잡한 실제 조직들을 머릿속에서 재구성한 결과물이었다. 라몬 이 카할의 가장 유명한 그림인 피라미드뉴런 pyramidal neuron 그림(40쪽)은 특정 뇌 절편에 있는 세포 하나를 보고 그린 것일 수도 있지만, 수백 개의 뇌 절편을 관찰한 후에 그가 머릿속에서 재구성해 그린 것일 가능성이 더 크다. 이는 라몬 이 카할이 이상적인 초상화를 그릴 때 화가가 내리는 것과 동일한 방식의 미학적 결정들을 내렸음을 보여주는 증거다.

시각적 아이디어 전달의 거장인 그래픽 디자이너 밀턴 글레이저^{Milton Glaser}는 인식의 보조 도구로서 그림이 지닌 힘을 이렇게 묘사했다. "무언가를 바라볼 때 속으로 그걸 그리겠다는 결심을 하지 않는다면, 나는 그걸 보는 것이 아니다."[14] 19세기 생물학의 신조는 "그림으로 그리지 않았다면 본 것이 아니다"였다. 라몬 이 카할은 이를 한층 더 단호하게 표현했다. "관찰한 대상을 그림으로 재현한 결과물이 관찰 자체의 정확성을 보증한다."[15]

그러나 지성사학자 로라 오티스^{Laura Otis}의 표현을 빌리면 라몬 이 카할에게 그림은 시각을 예리하게 벼리는 수단을 넘어 "하나의 언어이자, 사고가 발전할 수 있도록 개념들을 명확히 표현하는 수단"이었다.[16] 이 책에는 라몬 이 카할의 그림을 통한 사고를 보여주는 예가 가득하다. 눈으로 들어온 시각 정보가 왜 뇌의 반대쪽 반구로 이동하는지 보여주는 도해(90~91쪽)가 한 예다. 하지만 뇌의 구조에 관한 상충하는 이론을 보여주는 그림들(150~151쪽)보다 더 그의 사고 과정을 여실히 보여주는 예도 없을 것이다. 그의 과학적 경쟁자들이 제안한 망상 이론을 표현한 그림은 그물망 모양을 표현하는 허술한 선들이 되고 말았는데, 이를 보면 그의 생각과 그림 그리는 손이 그 개념에 똑같이 반감을 느끼는 것만 같다. 그가 뉴런을 들여다보고 그린 수많은 시간이, 전체가 하나로 이어진 신경망으로는 특정한 개별 뇌 회로들의 존재를 설명할 수 없다는 그의 지적 통찰을 강화했을 것이다. "모든 것이 다른 모든 것과 의사소통한다고 단언하는 것은 이 영혼의 기관을 절대로 이해하지 않겠다고 선언하는 것과 같다."[17]

그림이 사고의 한 형식이라는 이 개념은 다 빈치의 예술 세계가 남긴 또 하나의 유산이다. 르네상스 시대 이탈리아에서 그림 그리기의 예술, 그러니까 디세뇨^{disegno}(디자인)라는 단어는 구체적으로 하나의 문제를 시각적으로 사고해서 풀어내는 과정을 지칭했다. 그 문제가 그림이든 조각이든 건축이든 아니면 인체 토르소의 근육계 같은 과학적 퍼즐이든 말이다. 좋은 디세뇨에는 제도 실력 혹은 예술적 기예와 창의력 혹은 사고력이 결합되어있다. 이 책의 저자 중 한 명인 린델 킹^{Lyndel King}은 미네소타대학교가 프랭크 게리^{Frank Gehry}에게 새로운 와이즈먼 미술관(1993년에 완성되었다)의 설계를 의뢰했을 때 디세뇨의 힘을 바로 눈앞에서 목격했다. 게리는 건축가 중에서도 느슨하고 탐색적인 스케치를 그리는 것으로 유명하며, 그의 스케치는 곧 앞으로 태어날 건물에 관한 아이디어다. 게리는 이렇게 말했다. "그건 내가 생각을 밖으로 드러내는 방식이에요."[18] 킹은 나중에 그의 스케치들을 다시 볼 기회가 있었는데, 게리가 초기에 그린 대략적인 그

1990년, 프랭크 게리가 와이즈먼 미
술관을 위해 그린 그림.

림들에 완성된 건물의 기본 개념이 고스란히 들어 있다는 걸 깨닫고 전율을 느꼈다. 모형 제작
과 이후의 수정은 세부적인 사항에 관한 것들뿐이었다. 위에 실린 드로잉은 이후 와이즈먼 미
술관 건물의 강변 쪽 파사드가 된 부분을 마치 조각품처럼 표현한 것인데, 파사드 아래 미시시
피강 골짜기의 흐름을 담아낸 듯한 날 것의 에너지가 고스란히 포착되어 있다. 게리는 자기가
상상 속에서 본 것을 그렸고 라몬 이 카할은 자연에서 관찰한 것을 그렸지만, 결국 두 사람 모두
그림으로 사고하기의 거장이었다. 또한 둘 다 경이로울 정도로 생동하는 그림을 그렸고, 동시에
개념을 창조했다.

　라몬 이 카할의 그림들이 한 세기가 지난 지금도 여전히 자료로서 생명력을 유지하고 있는 것
은 적어도 부분적으로는, 우리가 흔히 과학 프로젝트에서 기대하는 것을 넘어 환상과 상상력까
지 자극하는 이러한 생동감 때문일 것이다. 그가 그린 그림의 형태는 명료하지만 결코 기계적이
지 않으며, 연속적으로 움직이는 선에는 확신이 배어 있다. 가지돌기와 축삭돌기, 뇌의 배선은
꼬이거나 꺾이고 부풀었다가 좁아지며 마치 생명이 박동하는 것처럼 보인다(64쪽, 103쪽). 노벨

상을 받은 신경생물학자 찰스 스콧 셰링턴 경Sir Charles Scott Sherrington•은 런던에서 며칠간 라몬 이 카할과 나눈 대화에 매료된 채 보냈고, "현미경을 통해 우리 자신과 그리 다르지 않게 의욕과 분투, 만족에 따라 움직이는 작은 존재들이 살고 있는 세상 속으로" 안내하는 라몬 이 카할의 "강렬한 의인적 시각"에 깊은 감명을 받았다.[19] 라몬 이 카할은 셰링턴에게 손상된 푸르키네뉴런Purkinje neuron을 우스꽝스럽게 헤엄치는 펭귄으로 표현해 보이면서(174쪽) 눈을 찡긋해 보였을지도 모른다. 라몬 이 카할은 뇌의 풍경을 묘사할 때 자연을 나타내는 일상적 언어를 사용한 것으로도 유명하다. "우리 공원에 소뇌의 푸르키네세포(52쪽)나 대뇌의 유명한 피라미드[피라미드뉴런]인 정신 세포(40쪽)보다 더 우아하고 풍성한 나무가 과연 있을까?" 가지돌기가시의 이름은 덩굴장미의 줄기에 난 가시에 비유하며 스페인어로 가시를 뜻하는 에스피나espina라고 지었고, 이런 '가시들'로 뒤덮인 그의 가지돌기 그림(48쪽)은 식물화 책에 실린다 해도 어색하지 않을 것 같다.[20] 이렇게 뇌 안에서 자라는 동물과 나무와 식물의 이미지는 소년 시절에 그림을 "내가 꾼 꿈을 종이 위에 옮기는" 용도로 썼던 사람이 그렸다는 점을 생각하면 전혀 놀랍지 않으며, 이는 모든 것을 포용하는 자연주의를 넘어 초현실주의와 민속적인 취향까지 보여준다. 그보다 더 초현실적인 것은 라몬 이 카할이 개인적으로 출판한 공상과학 소설집에 실린, 눈 대신 현미경이 달린 남자에 관한 환상적인 이야기다.[21] 놀라운 일도 아니지만 라몬 이 카할은 1920년대 중반 마드리드에서 그의 작업을 접한 살바도르 달리, 페데리코 가르시아 로르카Federico García Lorca, 루이스 부뉴엘Luis Buñuel 등 초현실주의자들의 주목을 받았다.[22] 만약 뇌에 꿈으로 들어가는 열쇠가 담겨 있다면 초현실주의자들은 아무 망설임 없이 뇌를 갈라서 열 법한 사람들이다. 또한 라몬 이 카할의 서정적이고 유기적인 숲속을 거닐었던 많은 사람이 초현실주의 회화와의 시각적 유사성을 눈치챘다.

라몬 이 카할의 미적 감각은 19세기에 형성된 것이기는 해도 그의 작업은 여지없이 현대적이다. 하지만 라몬 이 카할 본인은 자신을 모더니스트로 여기지 않았다. '동맥경화증 환자가 받은 인상'이라는 신랄한 부제가 붙은 책《여든 살에 바라본 세상》에서 그는 현대 미술을 "아방가르드, 입체파, 표현주의, 야수파, 후기인상주의 등 거창한 이름을 내세운 유파들의 모순적인 잡탕"이라고 깎아내렸다. 또한 "마치 자연을 엄밀하게 모사하는 것으로는 (…) 감정과 생각을 전달할 수 없다는 듯 (…) 자연을 무작정 모사하는 것을" 거부한 예술가를 칭송하는 비평가들을 혹평했다.[23] 그는 보이는 그대로의 자연을 거부하는 예술계, 자연을 찢어발긴 다음 삐죽삐죽한 형태

• 시냅스라는 단어를 만들어낸 장본인.

로 재조합한 그림을 그리는 입체파 화가들의 세계에서는 결코 편안할 수 없었다. 이런 점에서 라몬 이 카할은, 입체파 화가들이 상상한 그 무엇과 견주어도 훨씬 더 기이한 자연관을 제안했으면서도 예술 취향은 보수적인 것으로 악명 높았던 알베르트 아인슈타인과 전혀 다르지 않았다.

아인슈타인의 이론들을 대할 때와 마찬가지로, 과학자가 아닌 우리가 라몬 이 카할의 뇌를 따라잡기까지는 수십 년이 더 필요했다. 라몬 이 카할이 세상을 떠나고 12년이 지난 1946년이 되어서야 최초의 전자 컴퓨터가 켜지면서 뇌처럼 행동하는 기계를 만드는 일이 가능함을 알렸다. 당시로서는 그런 기계가 나올 날은 (무한히) 머나먼 미래로 보였을지 모르나, 라몬 이 카할이 발견하고 설명하고 그림으로 그려 보여준 개념들은 그 이후 세계의 과학기술, 경제, 대중적 신화, 도덕적 딜레마, 철학 논쟁, 예술과 문학 속으로 깊이 파고들었다.

인체를 열어 자기가 본 것을 그린 다 빈치의 호기심이 르네상스를 상징하듯이, 시시각각 변하는 생체 조직이 만들어내는 복잡한 정보 처리 회로 체계를 묘사한 라몬 이 카할의 인간적 통찰은 우리 시대를 상징한다. 라몬 이 카할 이후 우리는 수 세기 동안 시인들이 즐겨 쓴 비유, 바로 '우주만큼 광대하고 신비로운 뇌'라는 개념에 어쩌면 글자 그대로의 진실이 담겨 있을 수도 있다는 증거들이 쌓여가는 걸 목격해왔다. 오늘날 그의 그림을 통해 우리가 보는 건 그저 도해나 주장이 아니라, 그 끝없이 펼쳐진 변경의 가장 먼 곳까지 여행한 사람이 목격한 것을, 처음으로 명확하게 그려낸 풍경일 것이다.

무제. 1927년 페데리코 가르시아 로르카가 그린 초현실주의 그림.

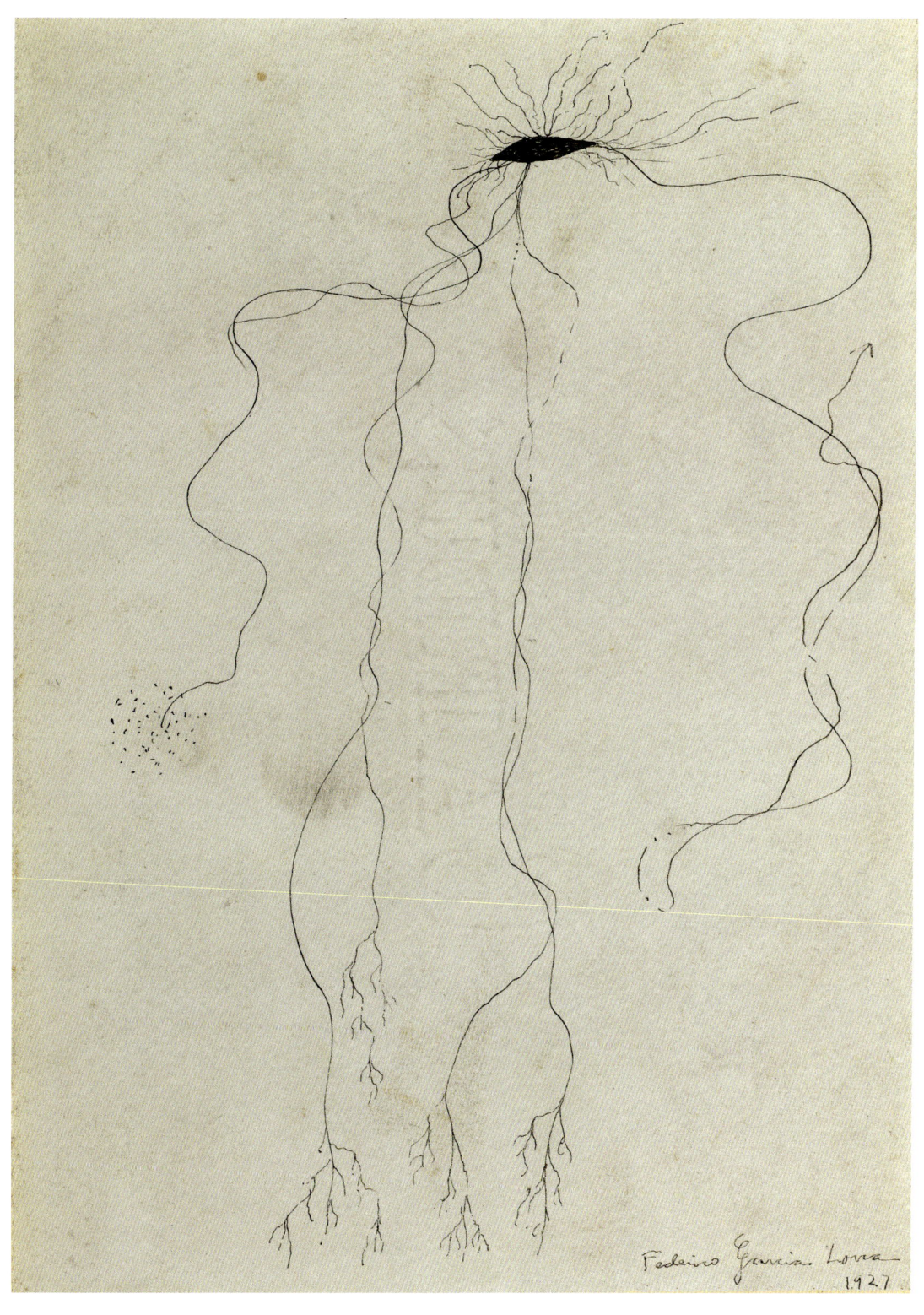

Federico García Lorca
1927

그림들

마름섬유체핵에 있는 헬트의 꽃받침
(109쪽 글 참고).

Fig 10   3/4

C

D

A

B

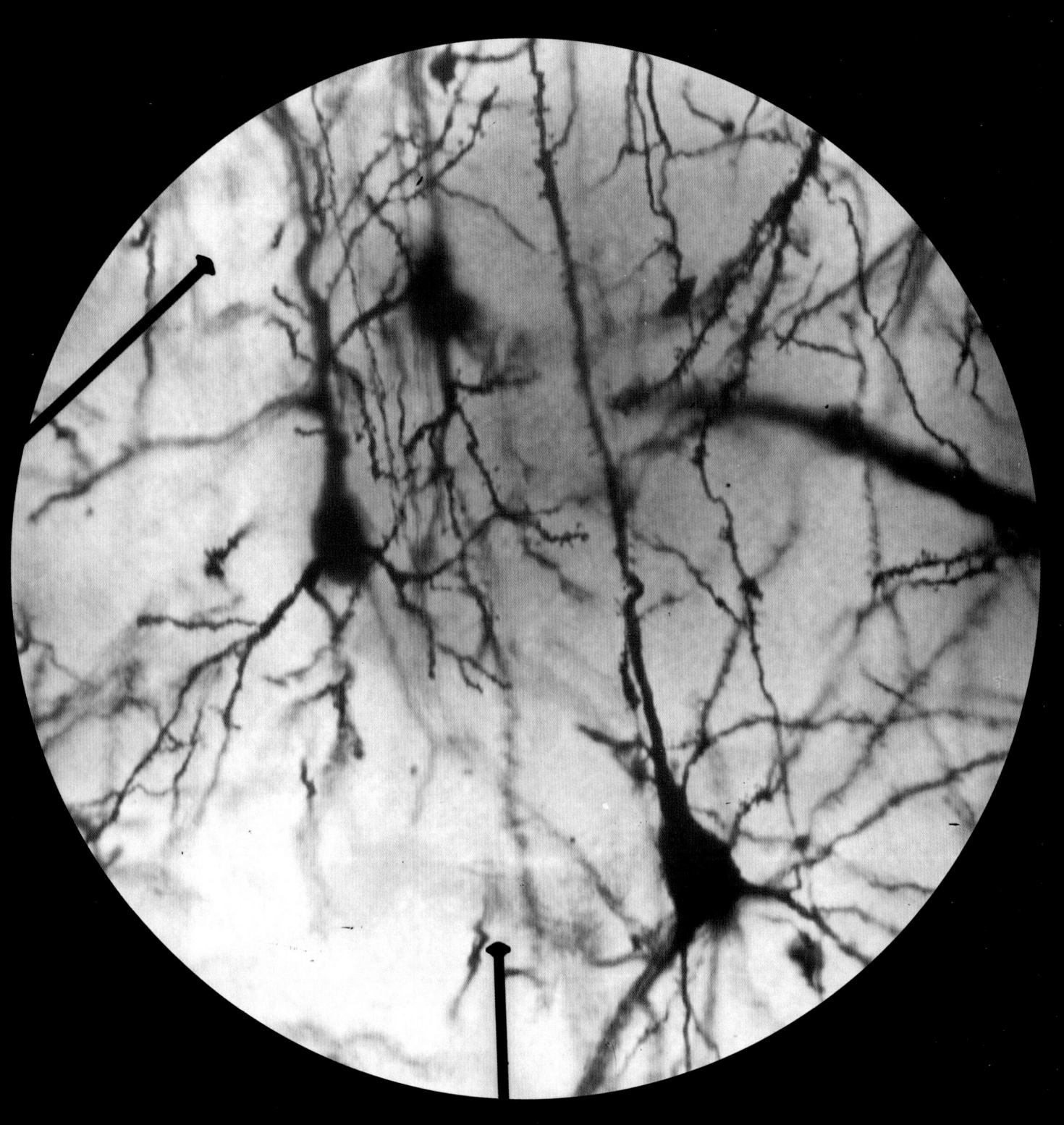

골지 기법으로 염색한 피라미드세포,
1918년 라몬 이 카할이 촬영한 현미경사진.

뇌를 구성하는 세포들

뇌를 이해하는 데 라몬 이 카할이 한 가장 큰 기여는 뉴런주의를 주창한 일이라 할 수 있다. 뉴런주의는 뇌가 세포 돌기들의 연속적인 그물망이 아니라 개별 세포(뉴런)로 이루어져 있다는 주장이다. 카할의 경력 초기에는 뇌가 하나의 그물망이라는 이론, 즉 망상 이론이 대세였다. 19세기 중후반에 현미경으로 뇌를 관찰한 과학자들은 개별 세포로 이루어져 있다고 밝혀진 다른 신체 기관들과 달리, 뇌는 세포들이 서로 하나로 연결되어 커다란 망을 이루고 있다는 믿음을 갖게 되었다. 라몬 이 카할은 뇌세포를 세부적으로 볼 수 있게 해주는 새로 개발된 염색 기법을 활용하고, 여기에 예리한 관찰력을 더해 다른 사람들이 연속된 그물망으로 보았던 뇌가 사실은 작은 틈새로 분리된 개별 세포로 이루어진 것임을 알아차렸다. 동시대의 많은 과학자가 그의 뉴런주의에 설득되었지만, 모두가 받아들인 것은 아니었다. 라몬 이 카할과 동료들이 사용했던 광학현미경에 비해 뇌의 이미지를 훨씬 더 크게 확대해주는 전자현미경이 등장한 1950년대가 되어서야 뉴런주의가 옳다는 것이 결정적으로 입증되었다. 전자현미경은 개별 뉴런이 100만분의 1밀리미터의 틈새로 분리되어 있음을 명확히 보여주었다. 뉴런 사이의 이 틈새를 시냅스라고 부르며, 뉴런은 바로 이곳에 신경전달물질을 방출하여 다음 뉴런에 신호를 전달한다.

라몬 이 카할과 동시대인들은 뇌가 뉴런뿐 아니라 신경교세포glial cell(교세포)라는 또 다른 종류의 세포들로도 이루어져 있음을 알게 되었다. 뉴런과 교세포는 형태상으로 차이가 크다. 뉴런에는 세포체에서 싹을 틔운 가지돌기 나무가 있다. 이 나무들은 다른 뉴런이 시냅스를 통해 보내는 신호를 전달받는다. 뉴런은 또 세포체에서 시작해 뇌의 머나먼 곳까지 뻗어갈 수 있는 축삭돌기도 갖고 있다. 라몬 이 카할은 뉴런이 전기신호를 생성하며, 감각 정보를 받아 처리하고, 기억을 저장하고, 학습하고, 근육을 통제하는 등 뇌의 주요 기능을 담당하고 있음을 알았다. 반면 교세포는 가지돌기와 축삭돌기가 없고, 전기신호를 생성하지 않는다.

뇌에서 가장 흔한 유형의 교세포이자, 라몬 이 카할이 가장 상세하게 연구한 교세포는 별 모양을 닮은 별아교세포astrocyte다. 그는 별아교세포의 세부 형태를 미세하게 보도록 해주는 특별한 염색 기법도 개발했다. 별아교세포에는 세포체에서 가지를 친 돌기들이 여럿 있다. 그중 일부 돌기는 근처의 뉴런들을 감싸고, 종족endfeet이라는 또 다른 돌기들은 혈관과 맞닿아 있다. 라몬 이 카할이 살았던 시기에는 교세포의 기능이 확실히 밝혀져 있지 않았다. 교세포의 기능에 관해서는 뉴런을 구조적으로 떠받친다거나 뉴런에 영양을 공급한다는 추측이 있었고, 뉴런들을 서로 분리한다거나(라몬 이 카할이 제안한 이론) 심지어 뇌의 정보처리 과정에 참여한다는 짐작도 존재했다. 라몬 이 카할은 교세포와 혈관이 맞닿아 있다는 점을 근거로 교세포가 뇌의 혈류를 조절하는 역할을 담당할 거라고 제안하기도 했다. 교세포의 기능에 관한 논쟁은 오늘날까지 계속되고 있다. 그래도 지금은 앞에서 말한 추측이나 짐작 모두가 적어도 어느 정도는 옳았음을 알고 있다.

이 장에 실린 그림들은 라몬 이 카할이 뉴런과 교세포를 관찰하고 매우 상세하게 표현한 그림들이다. 특히 주목할 만한 그림으로는 그가 "고귀하고 불가사의한 생각 세포"라고 말한 피라미드뉴런, 정교하게 가지를 뻗은 거대한 가지돌기 나무인 푸르키네뉴런, 뉴런들과 긴밀히 연결된 별아교세포 등이 있다.

뉴런: 라몬 이 카할이 한 세기도 더 전에 증명했듯이, 뇌는 뉴런이라 불리는 개별 신경세포로 이루어져 있다. 그리고 뉴런은 몇 가지 중요한 부분으로 구성된다. 뉴런에서 나뭇가지처럼 뻗어나간 일련의 돌기인 가지돌기는 다른 뉴런이 보내는 신호를 받는다. 신호를 주고받는 장소는 뉴런과 뉴런 사이의 연접 부위인 시냅스이며, 신호는 한 뉴런이 방출한 화학물질(신경전달물질)을 타고 이 작은 틈새를 건너 다른 뉴런에 전달된다. 다수의 뉴런에서 시냅스는 가지돌기에서 머리카락처럼 미세하게 뻗어나간 작은 돌기인 가지돌기가시 끝에 형성된다. 가지돌기가 받은 신호는 뉴런의 세포체로 이동

표현되었다(두 개의 해마는 중심선에서 양옆으로 벗어난 위치에 있으므로 원래 중심선에서는 보이지 않지만 그림에서는 해마의 위치도 암시적으로 표시했다). 대뇌피질^cerebral cortex^은 우리 뇌에서 고차원적 기능을 담당하며, 라몬 이 카할이 상세히 묘사한 피라미드뉴런(40~51쪽, 176~177쪽)들도 여기에 포함된다. 기억을 강화하는 해마^hippocampus^(140~147쪽)에도 피라미드뉴런이 있다. 운동 기능을 미세하게 통제하도록 돕는 소뇌^cerebellum^에는 푸르키네뉴런(52~55쪽, 168~175쪽)이 있다. 시상^thalamus^(118~121쪽)은 감각기관에서 피질로 감각 정보를 전달하는 중계소로, 뇌 깊숙이 자리 잡고 있다. 뇌간^brainstem^(35쪽, 108쪽, 112쪽, 149쪽, 156쪽)은 호흡과 심장박동, 운동을 비롯한 여러 기능을 통제하는 데 도움을 준다. 중추신경계에서 빼놓을 수 없는 부분인 척수^spinal cord^(80쪽, 150~155쪽)는 뇌와 나머지 신체 사이에서 신호가 지나가는 통로 역할을 하며, 운동 기능을 관장한다.

정보 흐름
가지돌기가시
시냅스
세포체
축삭돌기
시냅스
정보 흐름
가지돌기
정보 흐름

하고 그런 다음 축삭돌기로 이동하는데, 가느다란 축삭돌기는 세포체로부터 뉴런 바깥쪽으로 신호를 가져가는 역할을 한다. 축삭돌기는 다른 뉴런들과 연접 부위를 형성하는 곳에서 끝나며, 10분의 1밀리미터도 안 되게 짧은 것도 있지만 1미터도 넘게 아주 긴 것도 있다.

뇌: 라몬 이 카할은 뇌의 거의 모든 부분에 있는 뉴런과 뉴런 사이의 연결을 묘사했다. 옆 그림은 사람 뇌의 구조물 몇 가지를 나타낸 것으로, 뇌의 중심부에서 보이는 모습대로

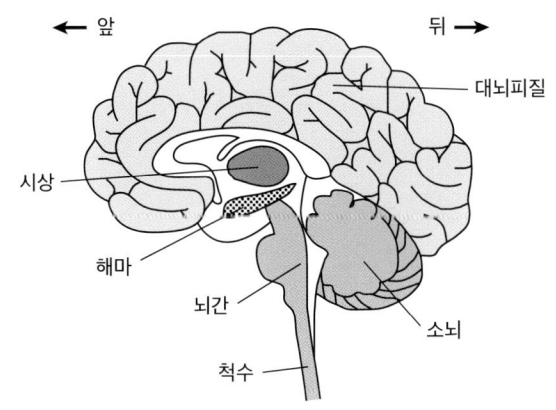

← 앞
뒤 →
대뇌피질
시상
해마
뇌간
소뇌
척수

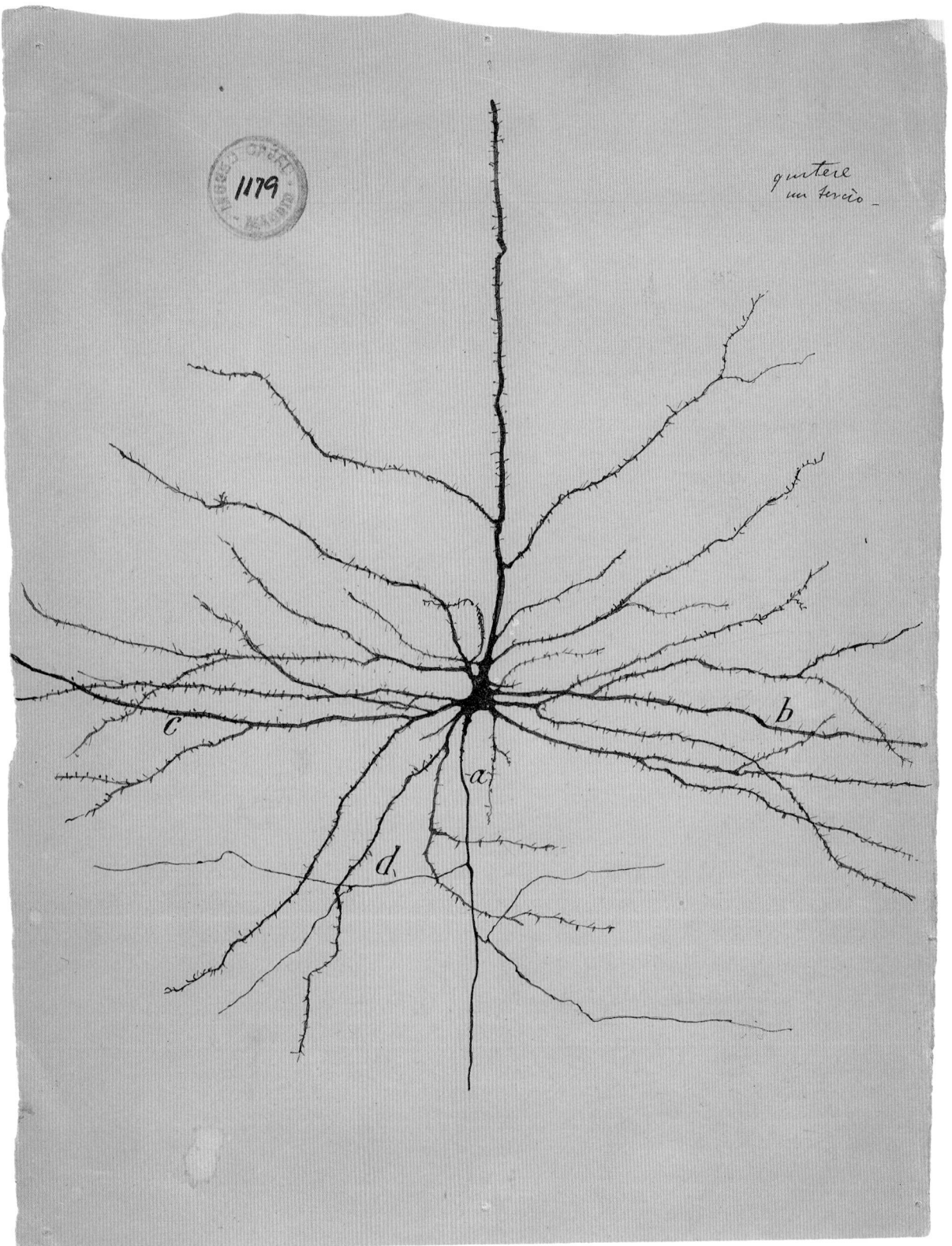

대뇌피질의 피라미드뉴런

대뇌피질은 뇌의 가장 바깥쪽을 이루는 층으로, 감각기관이 보내오는 정보를 받아서 처리하고, 운동 기능을 지휘하며, 고차원적 뇌 기능들을 담당한다. 라몬 이 카할은 대뇌피질의 기능에 결정적으로 중요한 피라미드뉴런의 특징을 매우 상세하게 그려냈다. 피라미드뉴런이라는 이름은 세포 중앙의 큰 구조물인 세포체가 피라미드 모양을 닮아서 붙여졌다. 피라미드뉴런은 대뇌피질 중에서도 진화적으로 더 발전하여 고차원적 뇌 기능에 관여하는 신피질뿐 아니라, 상대적으로 더 원시적이기는 하지만 기억의 상당 부분이 처음 처리되는 장소인 해마에도 분포한다. 뇌의 다른 많은 뉴런과 마찬가지로 피라미드뉴런은 세포체에서 나오는 큰 가지돌기를 중심축으로 하여 대칭을 이룬다. 이 그림에서는 그 대칭이 아름답게 표현되어 있으며, 라몬 이 카할은 보는 이들이 가지돌기 나무의 입체성을 느낄 수 있도록 그 무게감을 절묘하고 다양하게 표현했다. 피라미드뉴런은 크기가 매우 크기 때문에 뇌에서 현미경의 도움 없이 맨눈으로도 볼 수 있는 몇 안 되는 뉴런 중 하나다. 이 유명한 그림에는 피라미드뉴런 하나가 그려져 있다.

사람 대뇌피질의 커다란 피라미드뉴런

라몬 이 카할은 피라미드뉴런을 관찰하며 크기와 모양이 다양하다는 걸 알게 되었다. 여기 그려진 그림은 엄청나게 큰 피라미드뉴런이다. 이 뉴런의 세포체는 대뇌피질의 표면에서부터 매우 깊숙이 들어간 곳에 자리하고 있다. 세포체에서 위로 뻗어간 기다란 가지돌기 무리는 길이가 1밀리미터 이상으로 뇌의 표면까지 이어져 있다(e). 다른 가지돌기들은 세포체를 에워싸고 주변으로 뻗어 있다(d). 이 뉴런에서 출력되는 신호는 세포체에서 축삭돌기(a)로 이동하며, 이 축삭돌기는 다시 몇 개의 가지(c)로 갈라진다. 이 거대 피라미드 축삭돌기에서 뻗어나간 가지 중 아주 긴 것은 척수까지 쭉 이어질 수 있는데, 그 거리는 1미터가 넘기도 한다. 라몬 이 카할은 피라미드뉴런 하나에 가시라 불리는 작은 돌출부가 수천 개까지 있을 수 있음을 발견했다. 가시는 가지돌기에서 뻗어 나오는 것으로 이 그림에서는 축삭돌기를 제외한 모든 돌기에서 돋아난 작은 털처럼 표현되어 있다. 각각의 가시는 다른 뉴런에서 뻗어온 연접 부위(시냅스)와 만나 정보를 입력받는 역할을 한다(48쪽 참고).

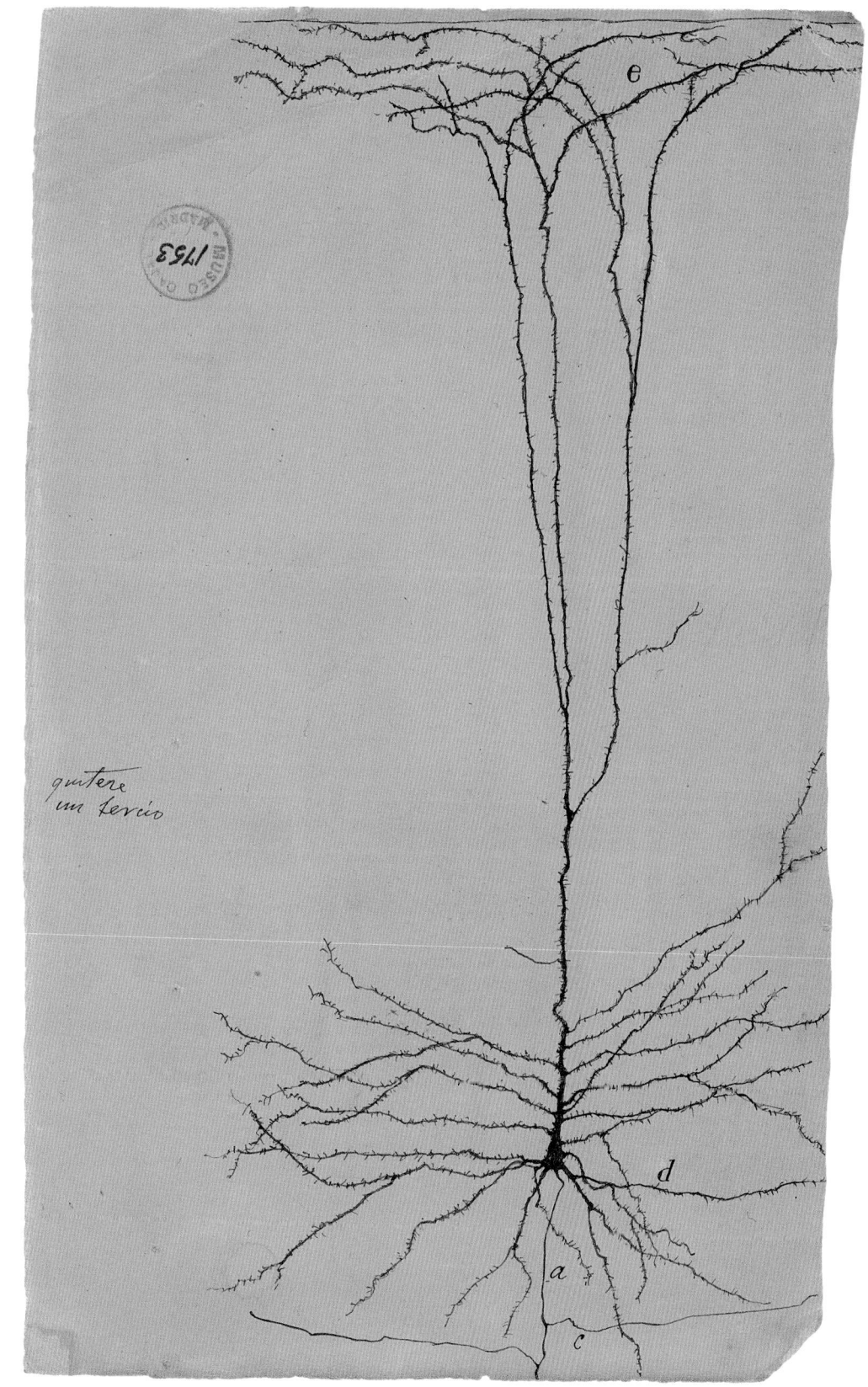

quitere
un tercio

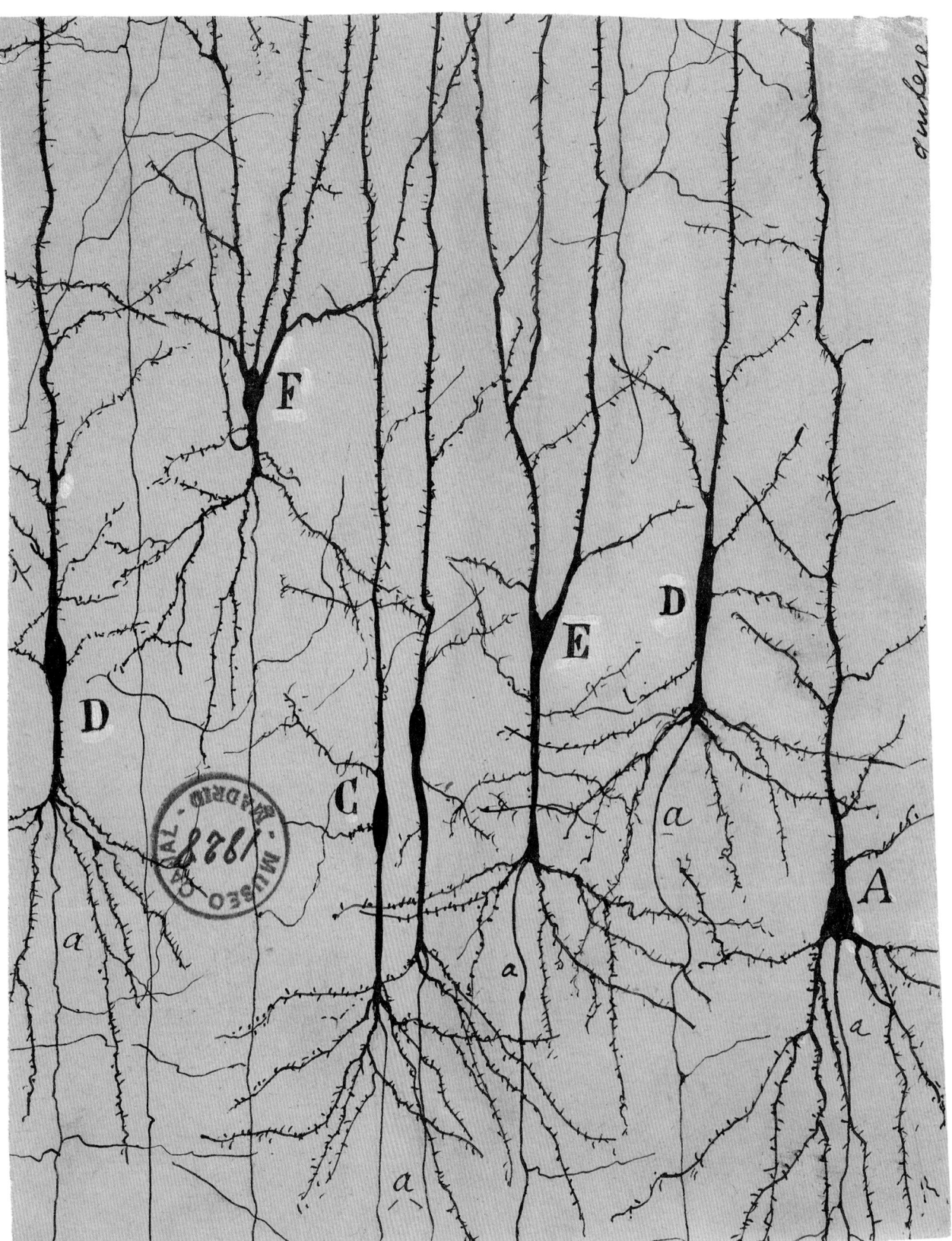

대뇌피질의 피라미드뉴런들

라몬 이 카할은 1894년에 이렇게 썼다. "대뇌피질은 무수히 많은 나무로 가득한 정원과 비슷하다. 똑똑한 경작 능력 덕분에 유난히 많은 가지를 뻗을 수 있는 피라미드세포는 다른 세포보다 뿌리를 더 깊이 내리고, 매일 정교한 꽃과 열매를 더 많이 맺는다."[24] 이 그림에서는 바로 그러한 피라미드뉴런이 만들어낸 아름다운 숲을 볼 수 있다. 가지를 풍성하게 뻗은 이 가지돌기 나무들은 다른 여러 뇌 영역에서 온 정보를 받아 조합한다. 피질의 한 영역에 있는 피라미드뉴런은 우리 몸의 수의운동을 통제하며, 또 다른 영역의 피라미드뉴런은 인지 기능과 자기 인식에 관여한다. 피질의 감각 영역에서는 피라미드뉴런이 눈, 귀, 코, 피부에서 온 정보를 처리하며, 또 다른 영역의 피라미드뉴런은 이렇게 입력된 여러 유형의 감각 정보들을 조합한다.

대뇌피질의 피라미드뉴런들과 그 축삭돌기 경로들

대뇌피질의 피라미드뉴런들이 보내는 신호는 뇌와 척수의 다른 여러 부분으로 이동한다. 피라미드뉴런이 만들어낸 숲을 그린 이 그림에서 라몬 이 카할은 이 세포들의 출력 담당인 축삭돌기가 나아가는 경로를 보여준다. 축삭돌기는 뉴런의 세포체에서 시작해 아래쪽으로 뻗어가다가 (축삭곁가지라 불리는) 몇 개의 딸 축삭으로 갈라진다. 축삭곁가지 중 일부는 대뇌피질에 남아서 근처 다른 뉴런들로 정보를 보내는데, 이는 A층의 화살표로 표시되어 있다. 다른 축삭곁가지들은 뇌 표면 아래의 더 깊숙한 곳(C층에서 a, b, c, d로 표시됨)을 통과해 더 멀리 있는 뇌 영역들로 정보를 보낸다.

Fig. 38

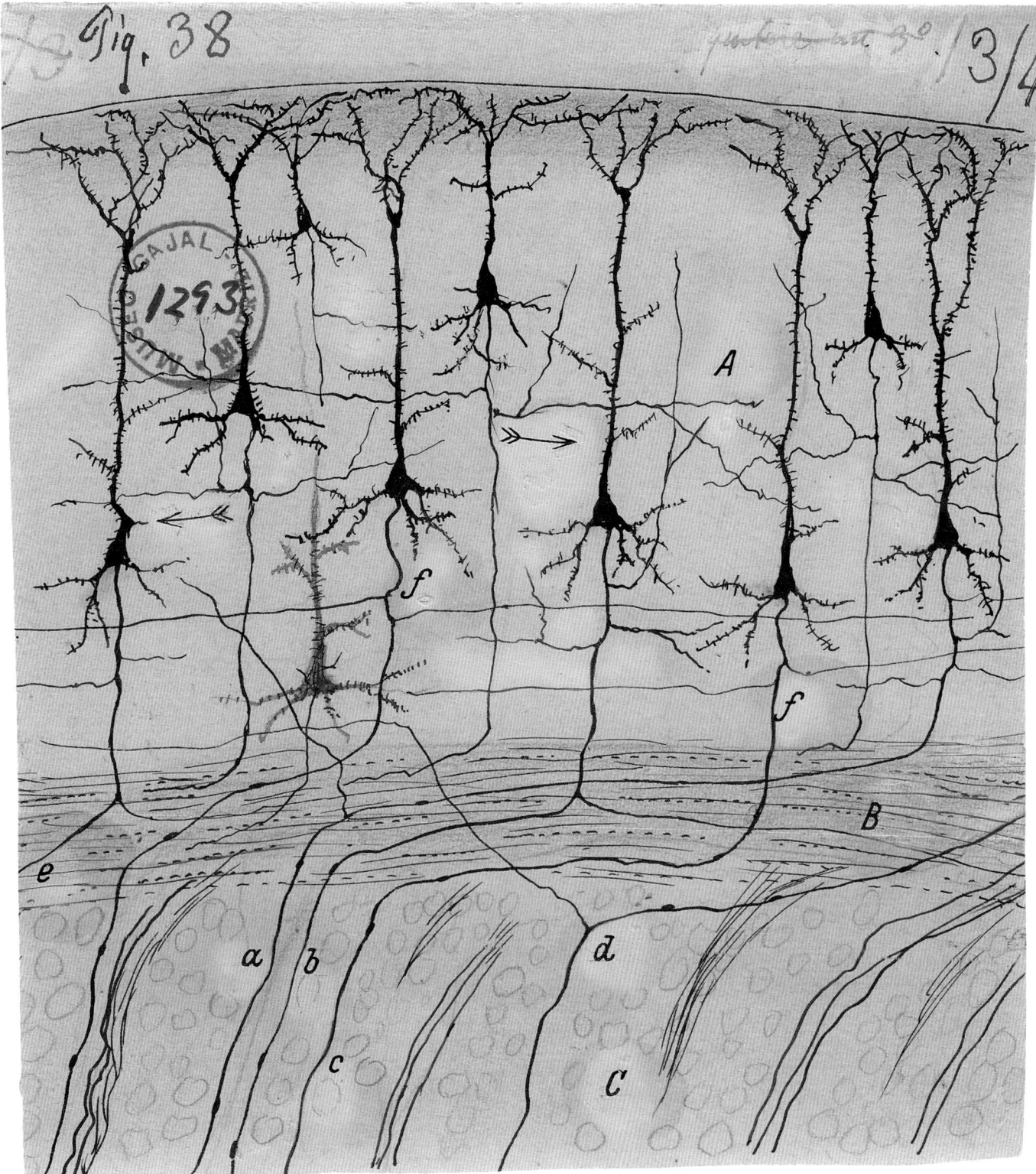

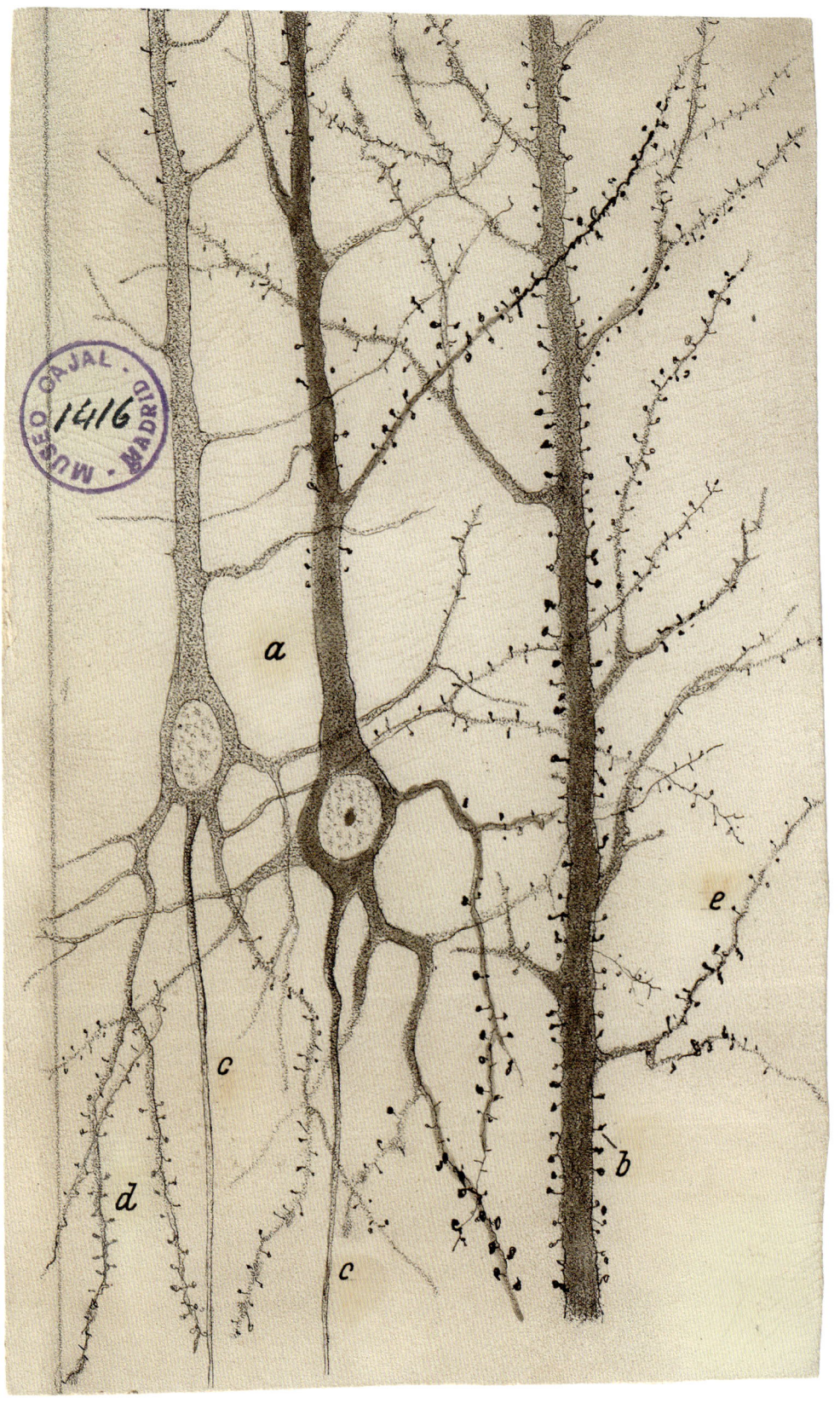

토끼 대뇌피질 피라미드뉴런의 가지돌기

가지돌기가시는 라몬 이 카할의 아주 중요한 발견 중 하나다. 골지 기법으로 뉴런을 염색했을 때 그는 뉴런의 가지돌기가 미세한 털 같은 가시로 뒤덮여 있는 것을 보았다. 동시대의 다른 사람들은 이 가시들이 골지 염색을 하는 과정에서 생겨난 부산물이며 살아 있는 세포에는 존재하지 않는다고 믿었다. 라몬 이 카할은 그 주장에 반박하기 위해, 완전히 다른 방법으로 염색했을 때도 가지돌기가시가 보인다는 것을 증명했다. 이 그림은 유명한 생화학자 파울 에를리히Paul Ehrlich가 고안한 메틸렌 블루 기법으로 염색한 피라미드뉴런의 가지돌기에 수많은 가시가 나 있는 모습을 보여준다. 이런 결과들이 많은 과학자에게 가지돌기가시가 실제로 존재한다는 확신을 심어주었다. 라몬 이 카할은 가지돌기가시가 다른 뉴런에서 오는 신호를 받는 입력 구조라고 추측했다. 지금 우리는 그의 생각이 적중했다는 것을 알고 있다. 실제로 그 가시들은 시냅스를 통해 신호를 입력받으며, 이렇게 들어온 신호들이 뉴런의 전기적 반응을 일으킨다. 가지돌기가시의 수와 크기는 뇌의 건강 상태에 따라 다를 수 있으며, 알츠하이머병이나 파킨슨병, 자폐, 다운증후군, 조현병, 약물중독 등 인지 결손을 일으키는 질환이 생긴 경우 그 수와 크기가 줄어든다.

생후 1개월 된 영아의 피라미드뉴런 주위 둥지

라몬 이 카할은 대뇌피질에서 축삭돌기가 뻗어낸 무수한 곁가지들이 피라미드뉴런의 세포체 주위를 칭칭 감싸고 있는 특별한 종류의 뉴런을 발견했다. 이렇게 축삭돌기에서 뻗어 나온 가지들은 이 그림에 나와 있듯 세포체 주위에 빽빽한 둥지 모양을 형성한다. 현대의 연구로 라몬 이 카할이 발견한 이 둥지의 존재가 확인되었지만, 그 기능이 무엇인지는 아직도 밝혀지지 않았다.

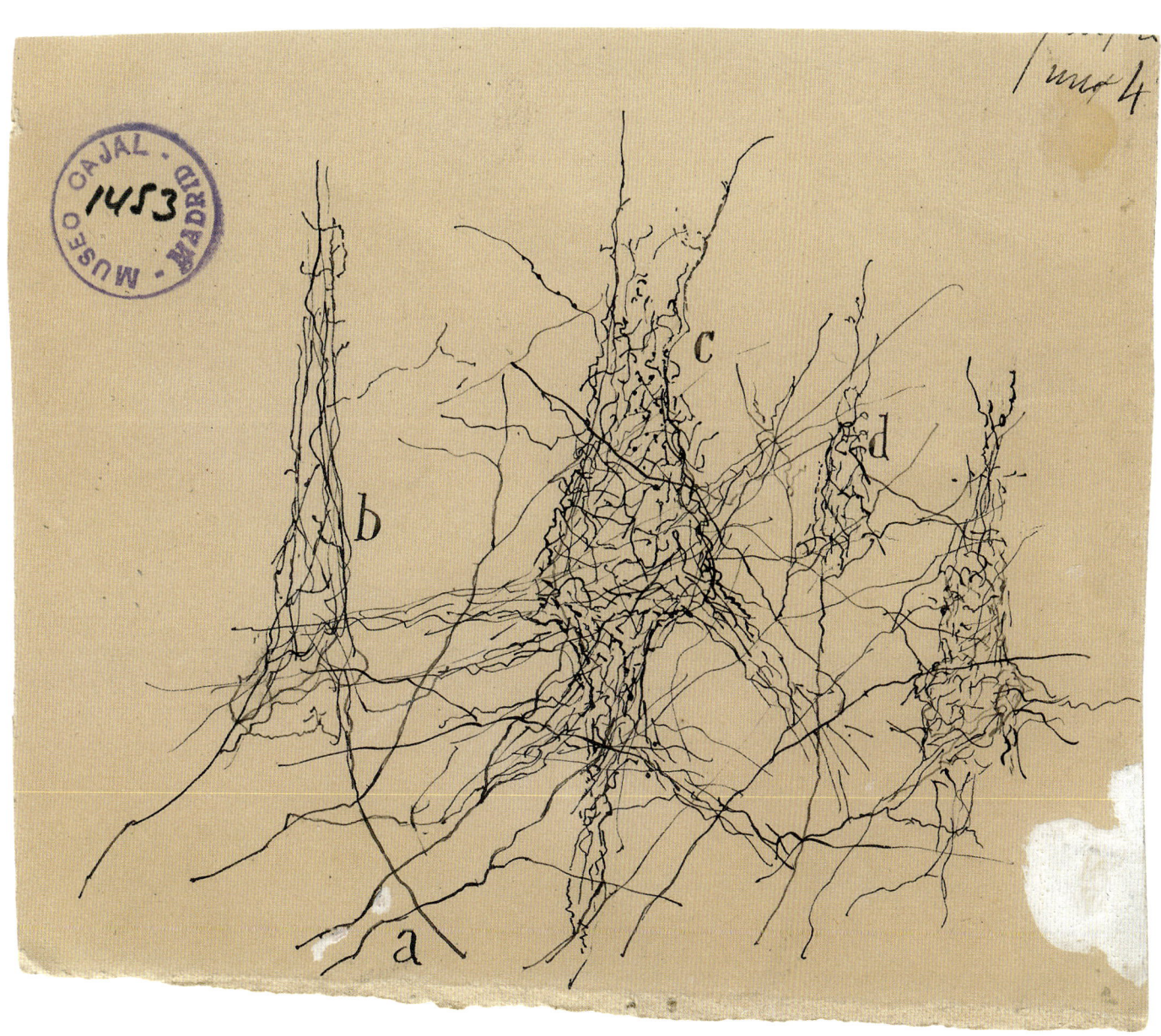

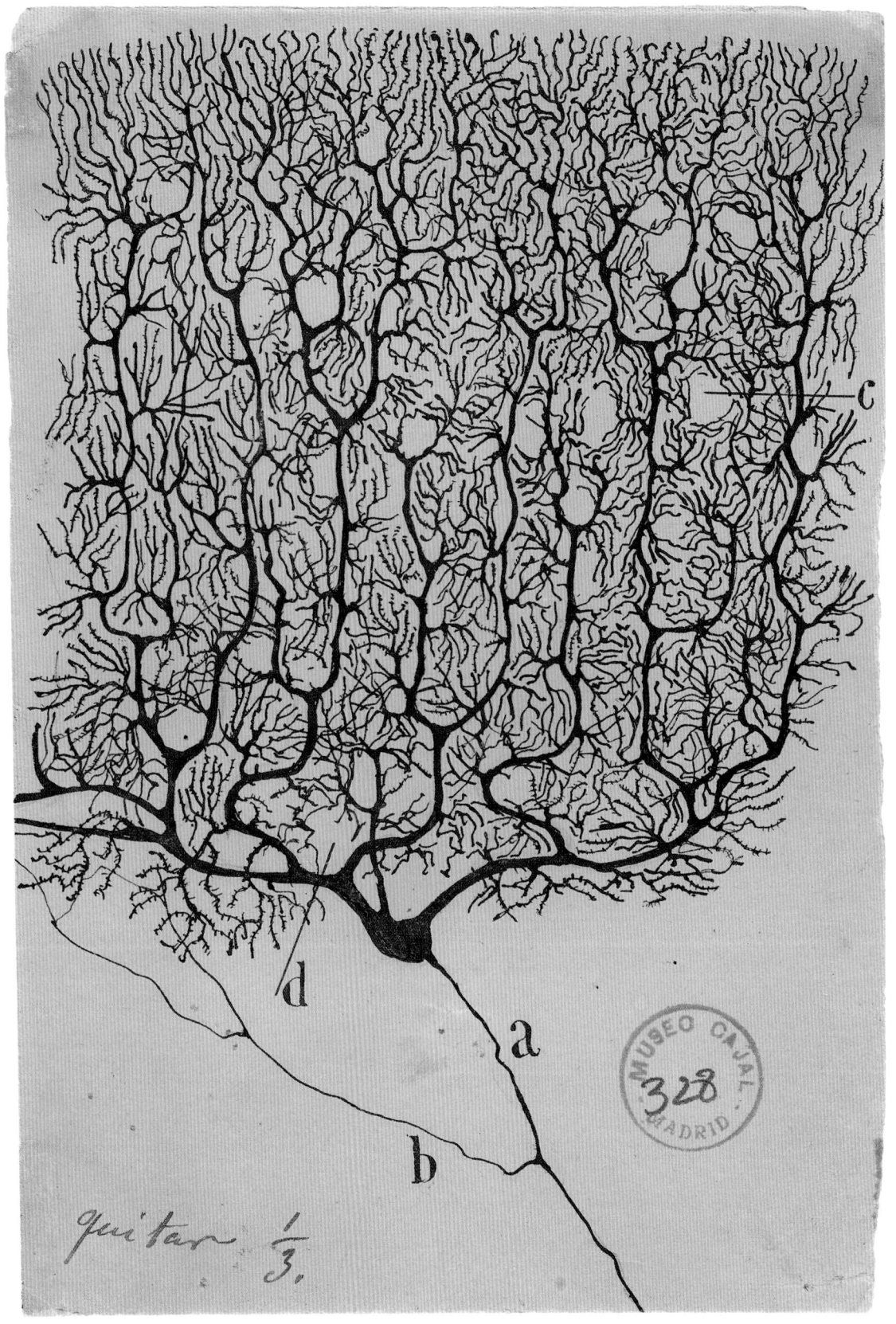

guitar ⅓.

사람 소뇌의 푸르키네뉴런

라몬 이 카할은 자서전에서 이렇게 말했다. "우리 공원에 소녀의 푸르키네뉴런(…)보다 더 우아하고 풍성한 나무가 과연 있을까?"[25] 푸르키네뉴런은 체코의 저명한 생물학자 얀 푸르키네$^{Jan Purkinje}$가 1837년에 처음으로 관찰했다. 그로부터 반세기 뒤 라몬 이 카할은 이 세포를 매우 상세하게 연구하고 묘사했다. 푸르키네뉴런은 대뇌피질 아래 뇌 뒤쪽에 자리한 구조물인 소뇌에 분포한다. 이 뉴런은 믿을 수 없을 만큼 정교한 가지돌기 나무 구조를 갖추고 있어서 뇌의 다른 어떤 뉴런보다 쉽게 분간할 수 있다. 피라미드뉴런과 달리 푸르키네뉴런은 중심축을 기준으로 대칭을 이루지 않는다. 또한 푸르키네뉴런의 가지돌기 나무는 마치 부채를 펼친 것처럼 2차원으로 뻗어나가서 옆에서 보면 납작하게 보인다. (이 그림에서 볼 수 있는) 사람 뇌의 푸르키네뉴런은 다른 동물들의 푸르키네뉴런보다 더 정교하고 복잡한 가지돌기 나무를 갖고 있다.

비둘기 소뇌의 푸르키네뉴런

이 그림에는 푸르키네뉴런 두 개가 그려져 있다. 각각의 뉴런은 정교한 가지돌기 나무로 수만 개의 시냅스 정보를 입력받는다. 이러한 정보는 신체의 감각기관을 통해 간접적으로 전달된 것으로, 눈으로 보이는 세계, 머리와 몸의 위치, 근육의 움직임에 관한 내용을 담고 있다. 소뇌는 푸르키네뉴런에서 이 모든 정보를 종합함으로써 우리가 서 있을 때 몸이 직립 자세를 유지하게 해주고, 동작을 미세하게 통제하도록 돕는다.

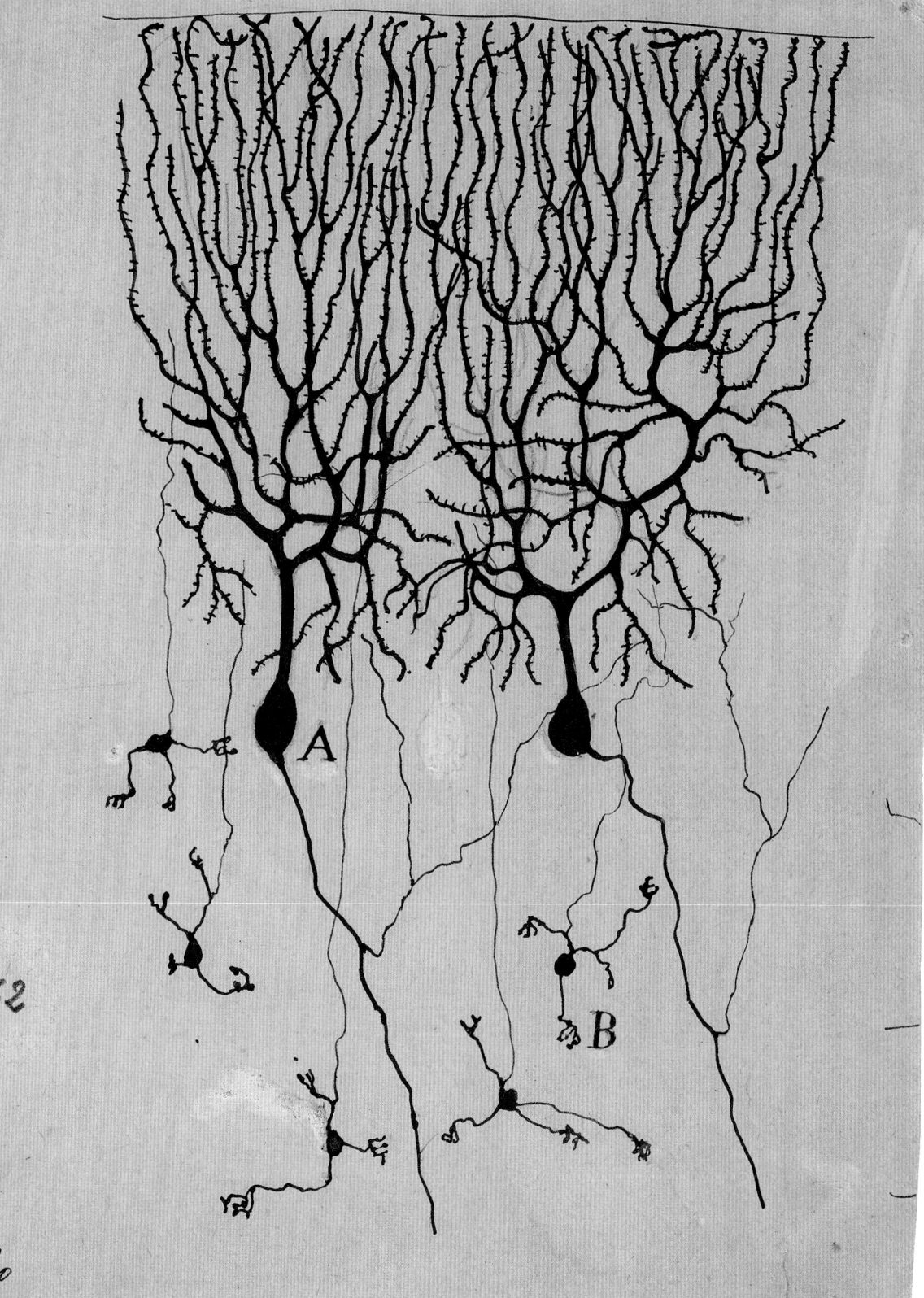

1952

A

B

gustere
un fervio
ó certa

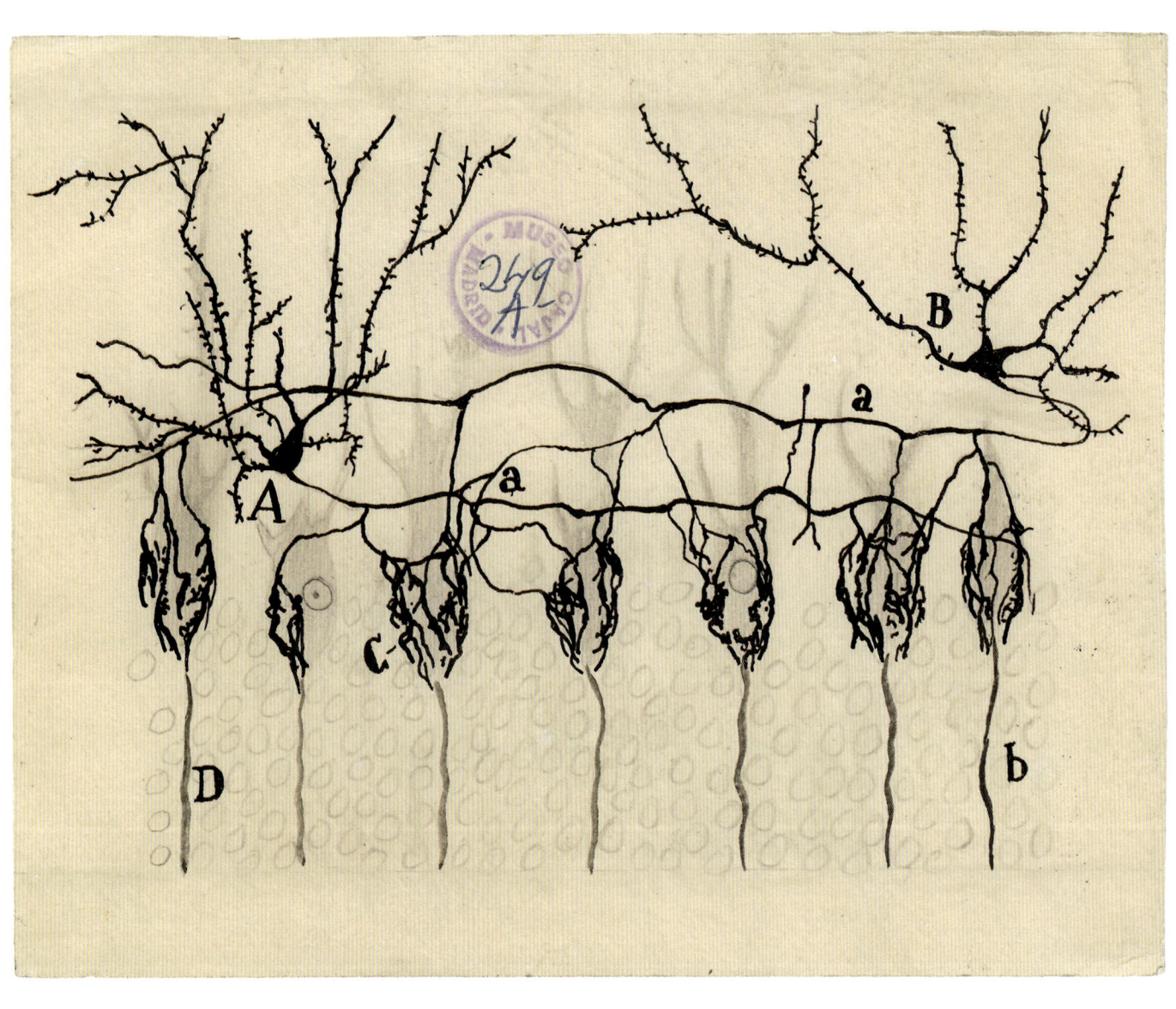

소뇌의 시냅스 연접

라몬 이 카할은 뉴런주의, 즉 뇌가 연속적으로 연결된 신경망이 아니라 개별 세포들로 이루어져 있다는 이론을 뒷받침하는 근거로 이 소뇌의 뉴런 그림을 활용했다. 이 그림은 나란히 줄지어 선 푸르키네뉴런 일곱 개의 세포체들과, 소뇌에 있는 비교적 작은 종류의 뉴런인 별모양뉴런 stellate neuron 두 개(A, B)를 보여준다. 별모양뉴런의 축삭돌기 가지들(a)은 푸르키네뉴런들의 세포체를 에워싸며 다수의 시냅스 연접부를 만든다. 라몬 이 카할은 별모양뉴런의 축삭돌기들이 푸르키네뉴런과 뚜렷한 연접부를 형성하지만 둘이 융합되지는 않았다는 점에 주목하면서, 뇌가 불연속적인 별개의 뉴런들로 이루어진다는 뉴런주의의 증거라고 여겼다. 이 별모양뉴런들의 연접부는 푸르키네뉴런들의 세포체를 에워싸고 바구니 모양 망을 형성한다.

소뇌의 별모양뉴런

별모양뉴런은 소뇌에 존재하는 몇 가지 연합뉴런^{interneuron}* 중 한 유형으로, 근처의 다른 뉴런들에게만 신호를 보낼 뿐 먼 영역으로는 신호를 보내지 않는다. 소뇌의 별모양뉴런 중 일부는 푸르키네뉴런들과 연접하여 시냅스를 형성한다(56쪽). 이 시냅스들은 억제성 시냅스여서 푸르키네뉴런들이 전기적 반응을 일으킬 가능성을 떨어뜨린다.

* 감각뉴런은 감각기관에서 받은 신호를 뇌나 척수로 전달하고, 운동뉴런은 뇌나 척수에서 받은 신호를 근육이나 분비샘으로 전달한다. 연합뉴런은 감각뉴런과 운동뉴런 사이에서 신호를 중계하며 정보를 통합하고 조정하는 역할을 한다.

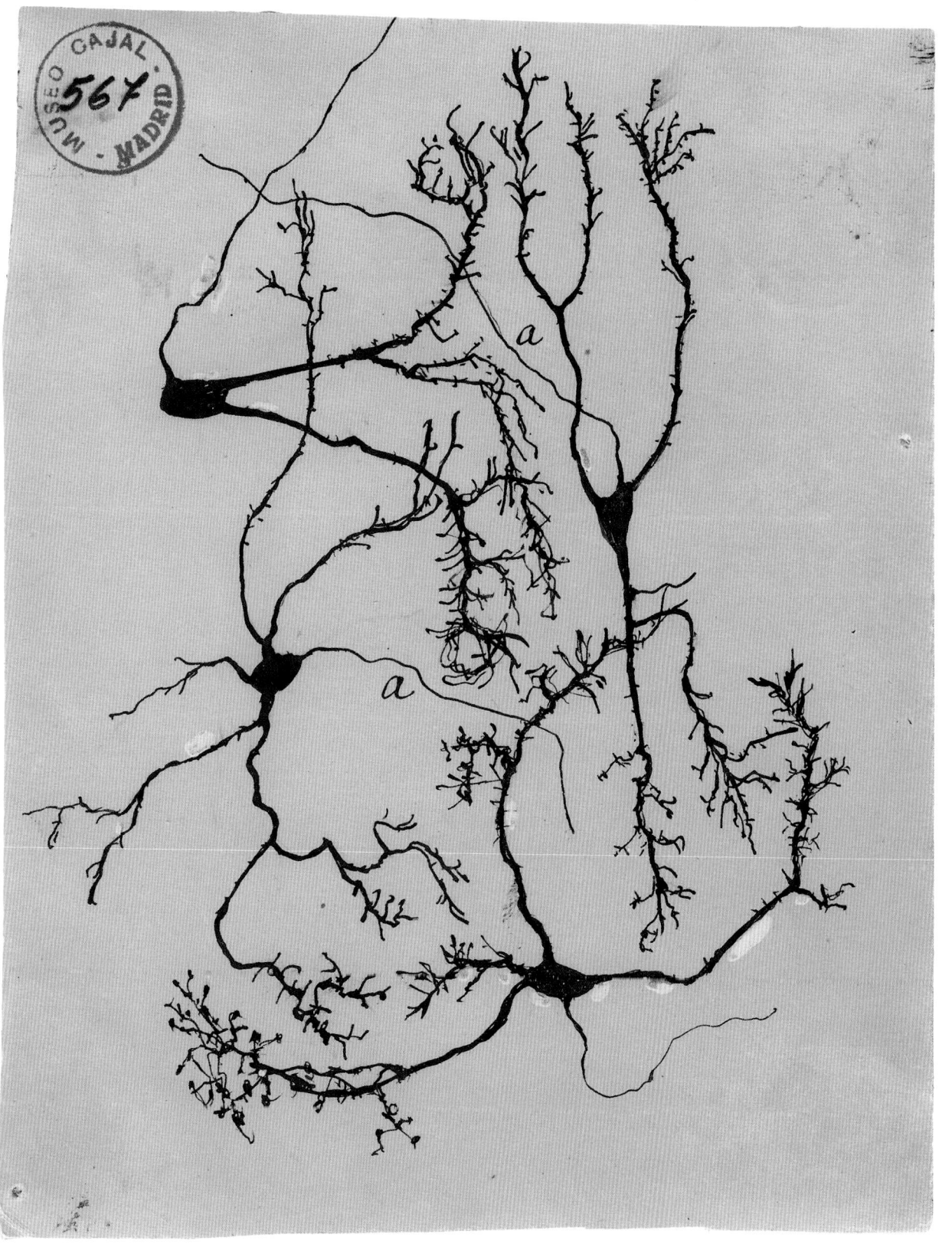

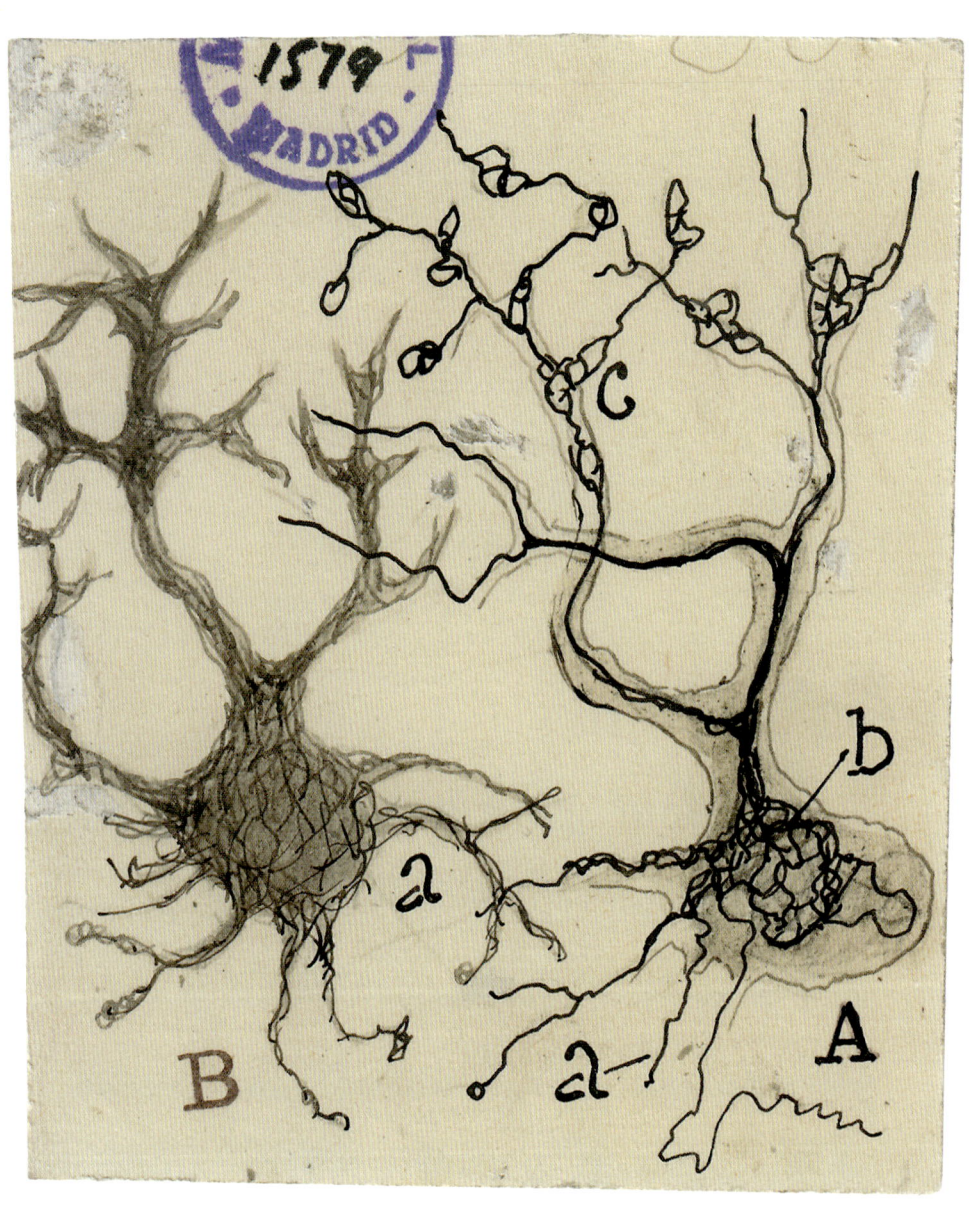

뉴런의 내부 구조

뉴런뿐 아니라 모든 세포에는 그 형태를 유지하기 위한 내부 골격이 있다. 이 세포골격 cytoskeleton 은 신경미세섬유 neurofilament 와 미소관 microtubule 이라는 긴 섬유와 관을 형성하는 단백질로 이루어진다. 라몬 이 카할은 세포골격을 이루는 부분들의 화학적 구성을 알지는 못했지만, 뉴런 내부 골격 구조의 형태가 드러나게 하는 염색 기법(은환원 염색법)을 발명했다. 이 그림에서 오른쪽 뉴런의 세포체와 가지돌기들 내부에 표시된 진한 선이 세포골격을 나타낸다. 또한 이 그림은 라몬 이 카할이 자주 사용한 기법도 잘 보여준다. 요컨대 서로 다른 때에 관찰한 여러 내용 또는 서로 다른 방법을 사용해 얻은 정보를 한 장의 그림에 통합해 어떤 개념이나 가설을 표현하는 방식이다. 이 그림에서 왼쪽 뉴런과 오른쪽 뉴런은 서로 다른 염색 기법으로 염색한 결과물이다.

개구리 소장의 뉴런

신경계는 뇌와 척수, 그리고 신체의 불수의(자동적) 기능을 통제하는 자율신경계 등 여러 부분으로 구성된다. 내장에는 식도, 위, 창자의 근육을 통제하는 자체 신경계가 있으며 이를 장신경계enteric nervous system라 한다. 장신경계도 사소하게 볼 수 없다. 여기에는 적어도 1억 개가 넘는 뉴런이 있는데 이는 척수 전체가 보유한 뉴런 수에 맞먹는 수준이다. 이 그림은 내장의 근육층 사이에 자리한 장신경계의 일부인 근육층신경얼기myenteric plexus를 보여준다.

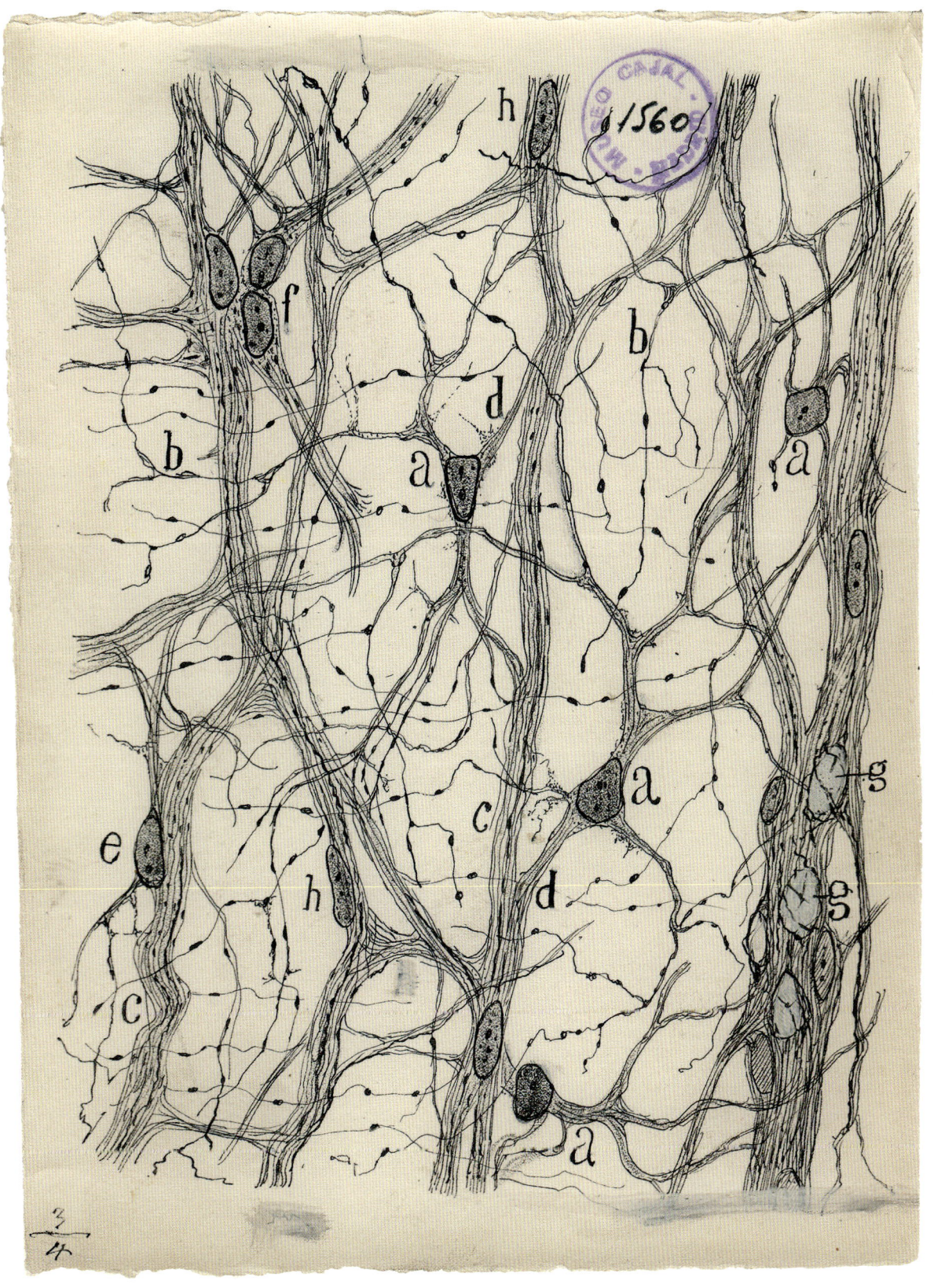

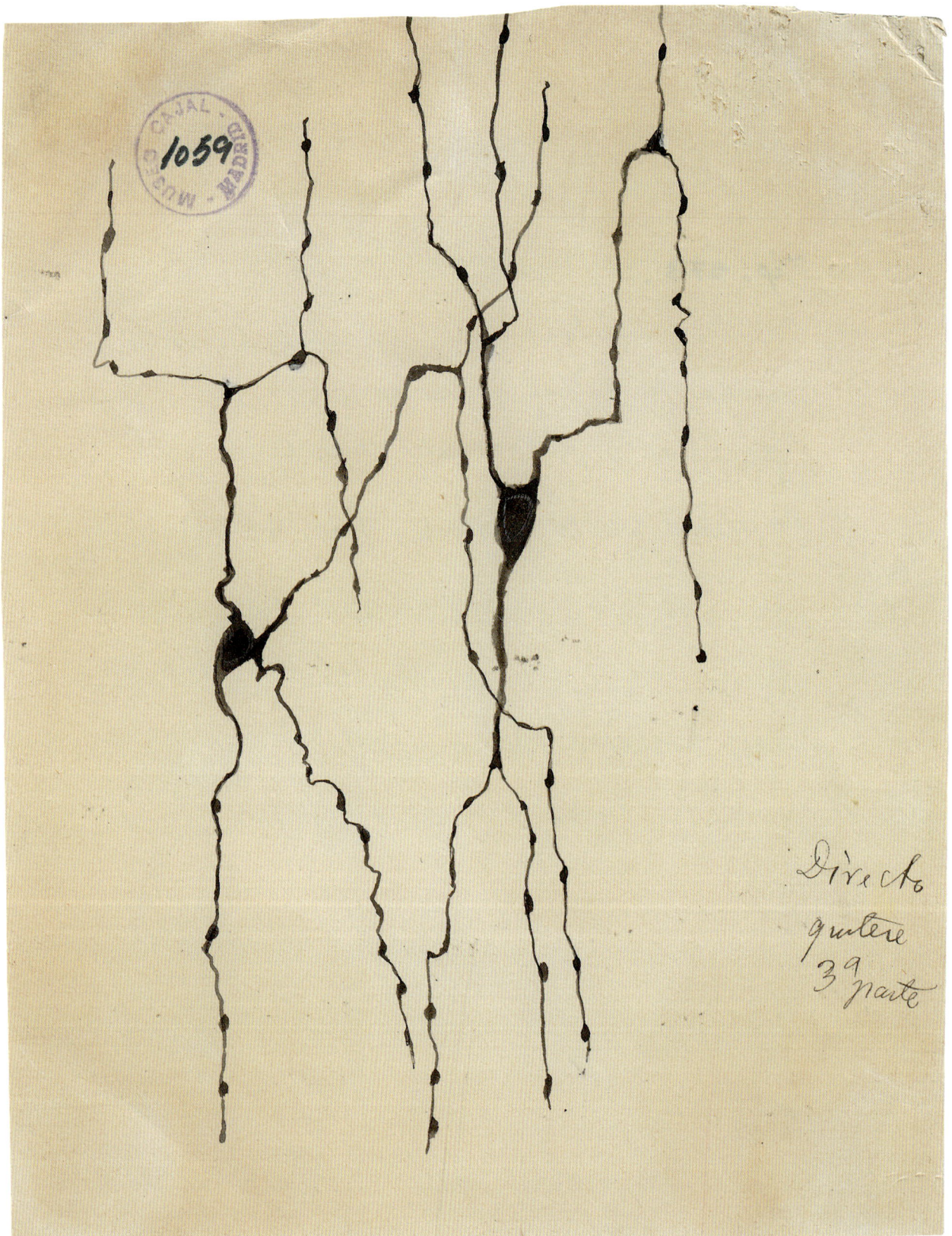

Directo
gutera
3ª parte

내장의 카할 뉴런

장신경계(63쪽)는 여러 유형의 뉴런으로 구성되어 있는데, 그중 한 유형은 라몬 이 카할이 발견한 것이다. 이 뉴런은 그를 기려 '카할 사이질세포 interstitial cells of Cajal'라 명명되었다. 이후 연구로 이 뉴런이 우리 소화계에서 결정적인 기능을 한다는 것이 밝혀졌다. 음식을 창자 내에서 이동시키는 느리고 주기적인 운동을 연동운동이라 하는데, 연동운동을 촉발하는 반복적 전기신호를 생성하는 것이 바로 이 뉴런이다.

상경신경절의 뉴런

상경신경절 superior cervical ganglion 은 자율신경계의 일부로, 위험한 상황에서 즉각적으로 반응하는 일에 관여한다. 뇌 바깥쪽에 자리한 구조물로, 수많은 뉴런이 모여 있는 상경신경절은 뇌 혈류를 제어하고 눈물과 타액 분비를 포함하여 머리와 목의 반응을 조절한다. 67쪽 그림에서는 상경신경절 뉴런 여럿과 복잡한 가지돌기들을 볼 수 있다. 오른쪽 그림은 커다란 상경신경절 뉴런의 세포체와 가지돌기를 축삭돌기들이 둘둘 감고 있는 모습이다. 라몬 이 카할은 이 둘둘 감은 축삭돌기들을 둥지라고 불렀으며, 노화나 질병의 결과라고 믿었다. 현대의 연구로 그의 결론이 옳았음이 입증되었다.

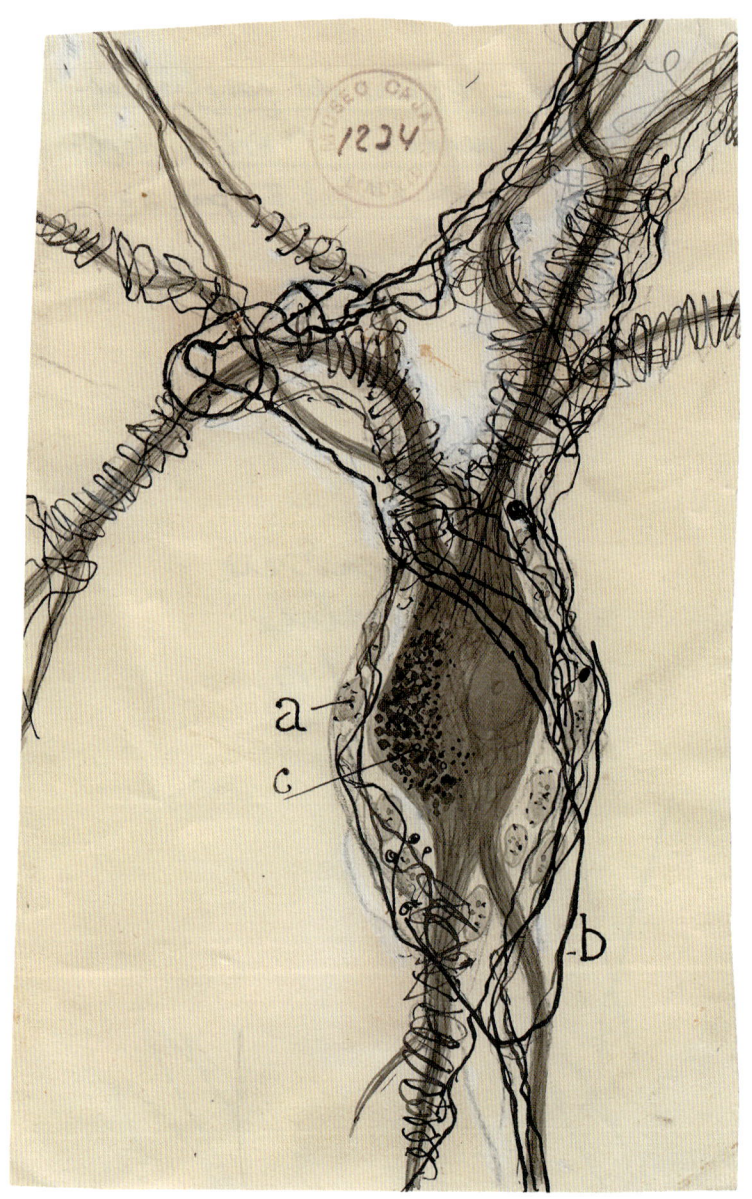

A

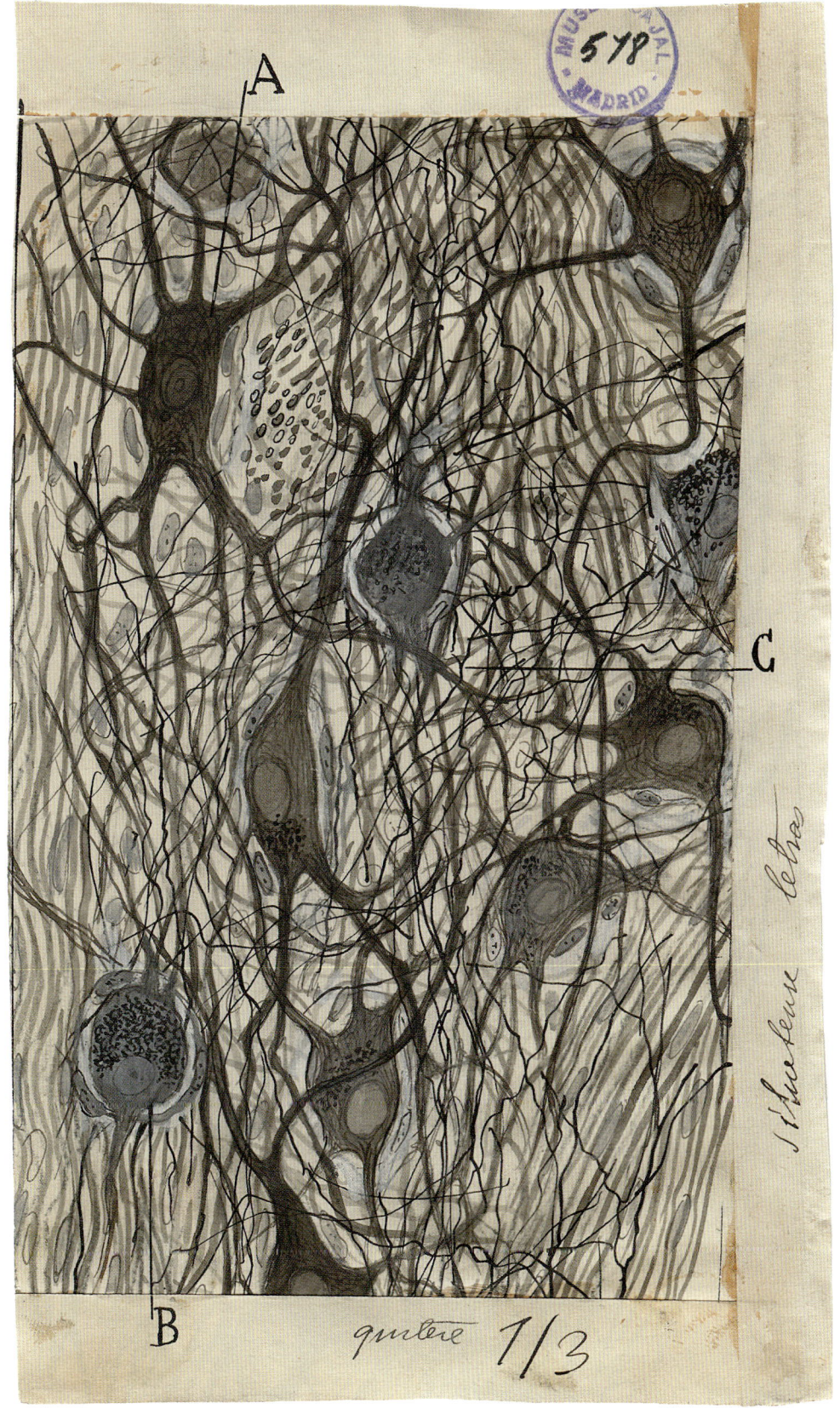

C

B

1/3

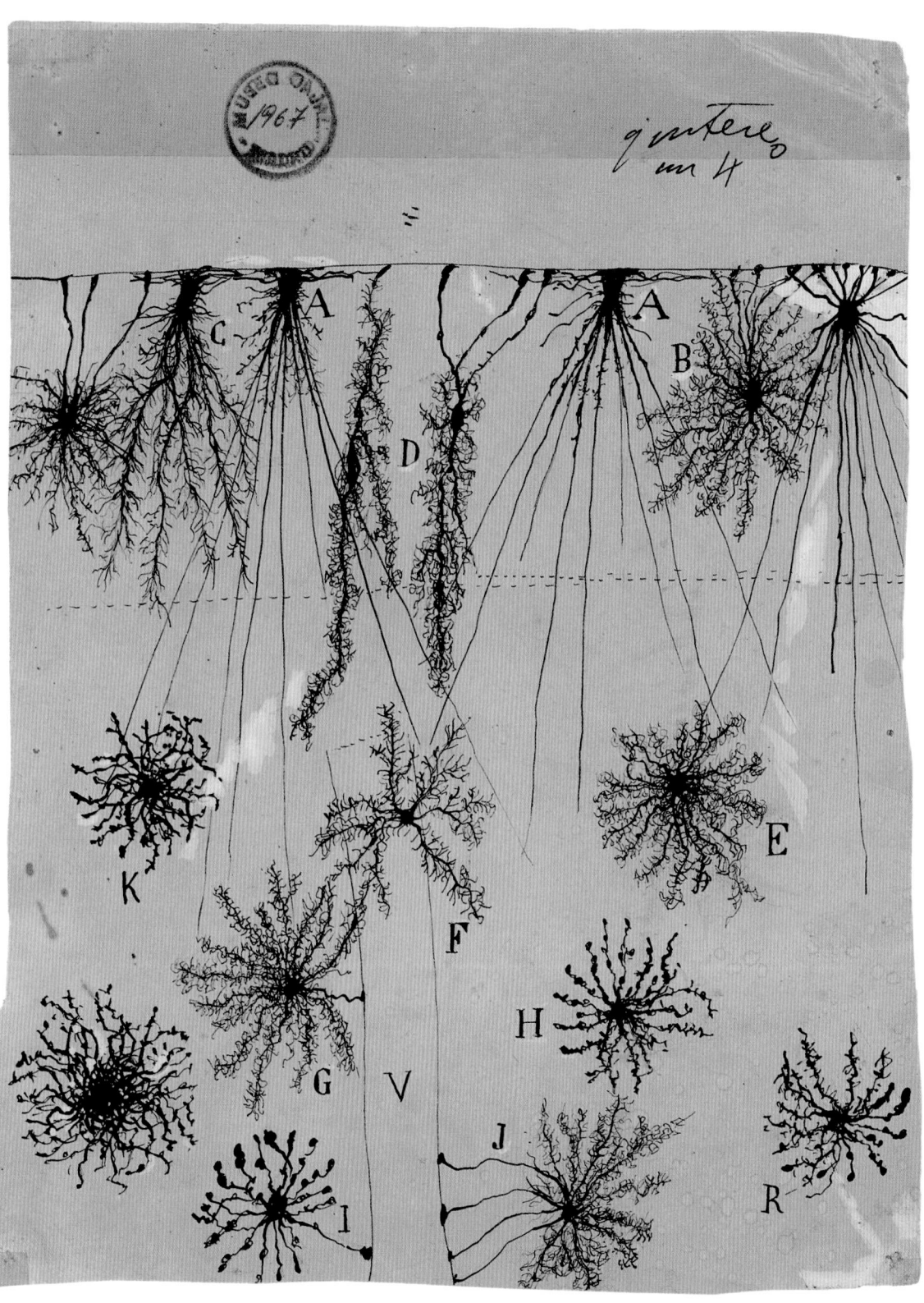

어린이의 대뇌피질 교세포

뇌에 있는 교세포 가운데 가장 흔한 별아교세포는 형태도 다양하다. 라몬 이 카할은 대뇌피질의 표면 근처에 있는 별아교세포들을 그린 이 그림에서 다양한 별아교세포의 유형을 예시로 보여준다. 피질의 더 깊은 층에서는 이 교세포에 별아교세포라는 이름을 안겨준 전형적인 별 모양의 별아교세포들이 보인다(E, F, G, H, I, J, K, R로 표시된 세포). 이 별아교세포 중 몇몇(G, I, J)은 혈관(V)과 맞닿아 있고, 더 기다란 별아교세포들(A, B, C, D)은 뇌 표면 가까이에서 신경교경계^{glia limitans}라는 막을 형성한다.

사람 뇌 해마 속 별아교세포

라몬 이 카할은 사망 후 세 시간이 지난 사람의 해마를 그린 이 그림에서 별아교세포의 여러 특성을 절묘하게 요약해서 보여준다. 그림 한가운데에는 전형적인 별 모양의 별아교세포가 무대 중심을 차지하고 있다. 이 별아교세포의 몇몇 돌기는 뉴런 하나 (오른쪽에 연한 색으로 칠해진 큰 세포)와 닿아 있고, 다른 돌기들은 왼쪽의 혈관(F)과 접촉하고 있다. 또 하나의 별아교세포(A)는 뇌에서 별아교세포와 뉴런이 얼마나 밀접한 관계인지 강조하려는 듯 뉴런 하나를 감싸안고 있다. 두 개의 딸세포daughter cell로 세포분열하는 순간이 포착된 또 다른 별아교세포(B)도 눈에 띈다. 이것이 중요한 이유는 성인의 뇌에서 거의 세포분열할 수 없는 뉴런과 달리 별아교세포는 세포분열할 수 있기 때문이다. 네 번째 별아교세포(E)에서는 퇴화의 징후가 보인다.

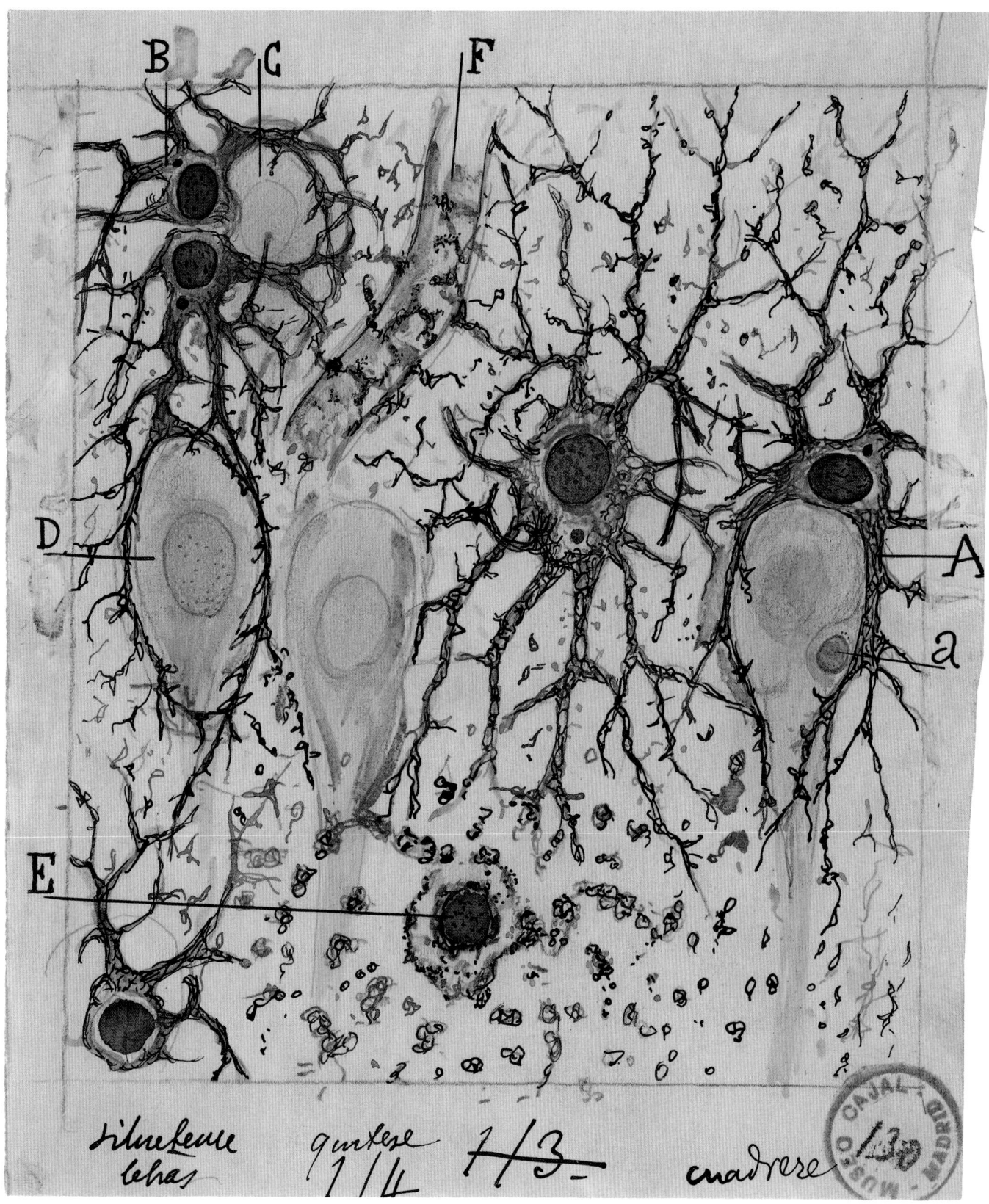

B G F

D

E

A

a

siluetense
letras *gintese* *1/3* *cuadrese*
1/4

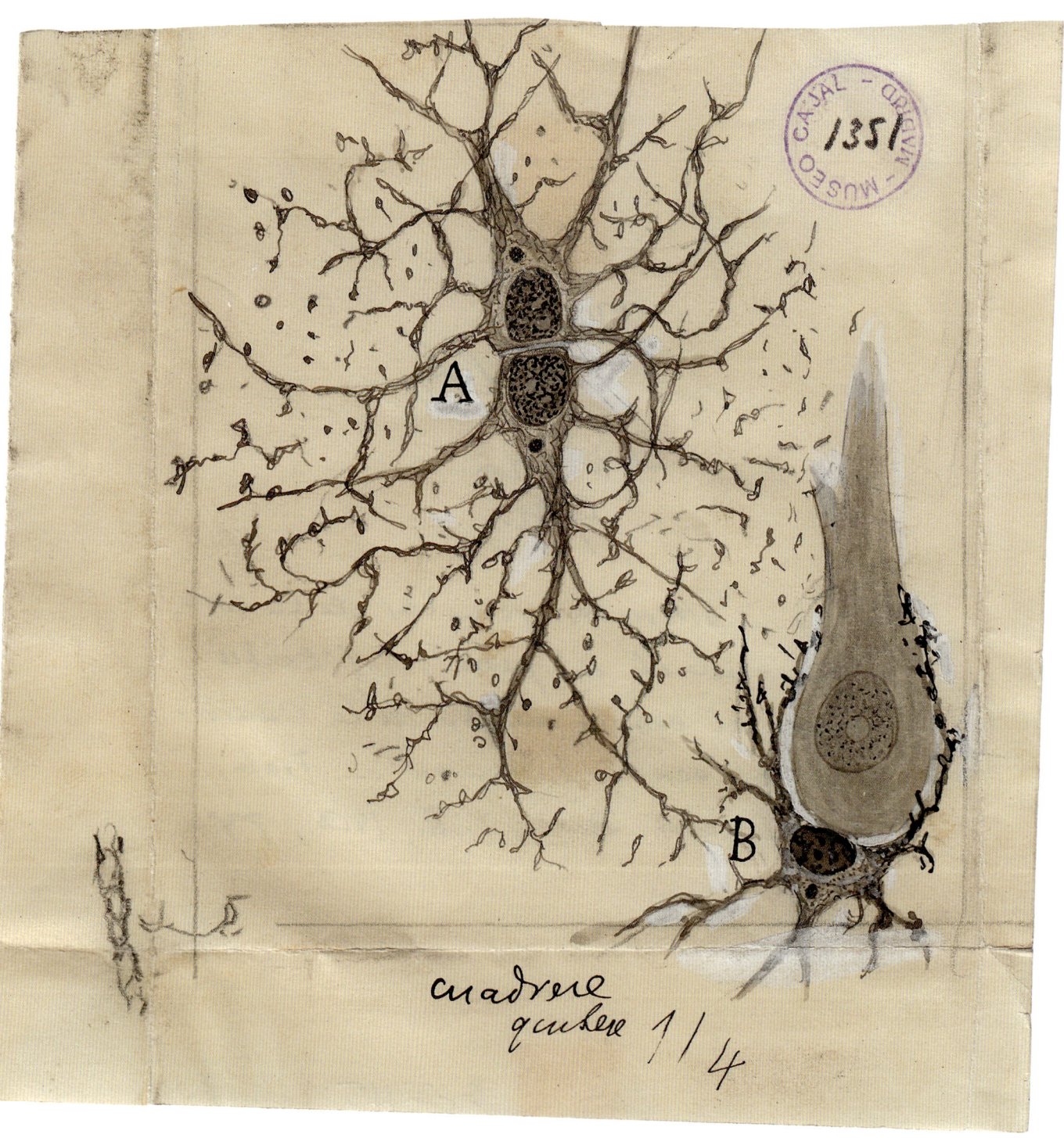

A

B

cuadrere
qubere 1 / 4

개 대뇌피질의 쌍둥이 별아교세포

라몬 이 카할은 앞 쪽의 그림들처럼 이 그림에서도 별아교세포의 중요한 속성들을 강조한다. 한 별아교세포(A)는 두 개의 딸세포로 분열하는 중이다. 라몬 이 카할은 이 딸세포들을 쌍둥이 별아교세포라고 불렀다. 별아교세포는 평생에 걸쳐 세포분열을 하며, 특히 뇌 손상이 일어난 후에도 계속 분열한다(179쪽 참고). 이와 대조적으로 성체 뇌의 뉴런은 세포분열하는 일이 거의 없다. 둘째 별아교세포(B)의 돌기들은 뉴런을 감싸고 있다. 별아교세포와 뉴런 사이가 이렇게 밀접한 것을 알게 된 라몬 이 카할은 별아교세포가 뉴런의 전기적 반응을 조절할지도 모른다고 추측했는데, 지난 20년 사이의 연구로 그 생각이 옳았음이 증명되었다. 별아교세포는 실제로 뉴런의 전기신호를 조절한다. 이 그림과 앞 쪽의 그림들은 카할이 그림을 그릴 때 사용한 중요한 기법을 잘 보여준다. 그는 별아교세포가 뉴런에 비해 상당히 작다는 것을 알았음에도, 자신이 들려주고 싶은 이야기에서 맡은 주도적 역할에 주의를 집중시키기 위해 별아교세포를 실제보다 훨씬 더 크게 그렸다. 또한 별아교세포는 진하게, 뉴런은 연하게 표현함으로써 별아교세포의 중요성을 더욱 강조했다.

사람 해마에서 피라미드뉴런을 둘러싼 교세포

라몬 이 카할에 따르면 "사람의 피질은 선膠세포[별아교세포]의 엄청난 양뿐 아니라 이 세포의 작은 크기, 그리고 사이질신경교얼기interstitial glial plexus[별아교세포의 돌기들]의 풍부함에서도 다른 동물들의 피질과는 차이가 난다."[26] 이러한 관찰은 사람 뇌의 별아교세포가 상대적으로 단순한 동물들의 별아교세포에 비해 수가 훨씬 많고 복잡하며 가지를 뻗은 돌기들도 월등히 많다는 것을 보여준 최근의 연구 결과들로 확인되었다. 일부 과학자들은 사람의 우수한 지적 능력이 부분적으로는 뇌에 있는 별아교세포의 수와 복잡성의 결과가 아닐지 추측하고 있다.

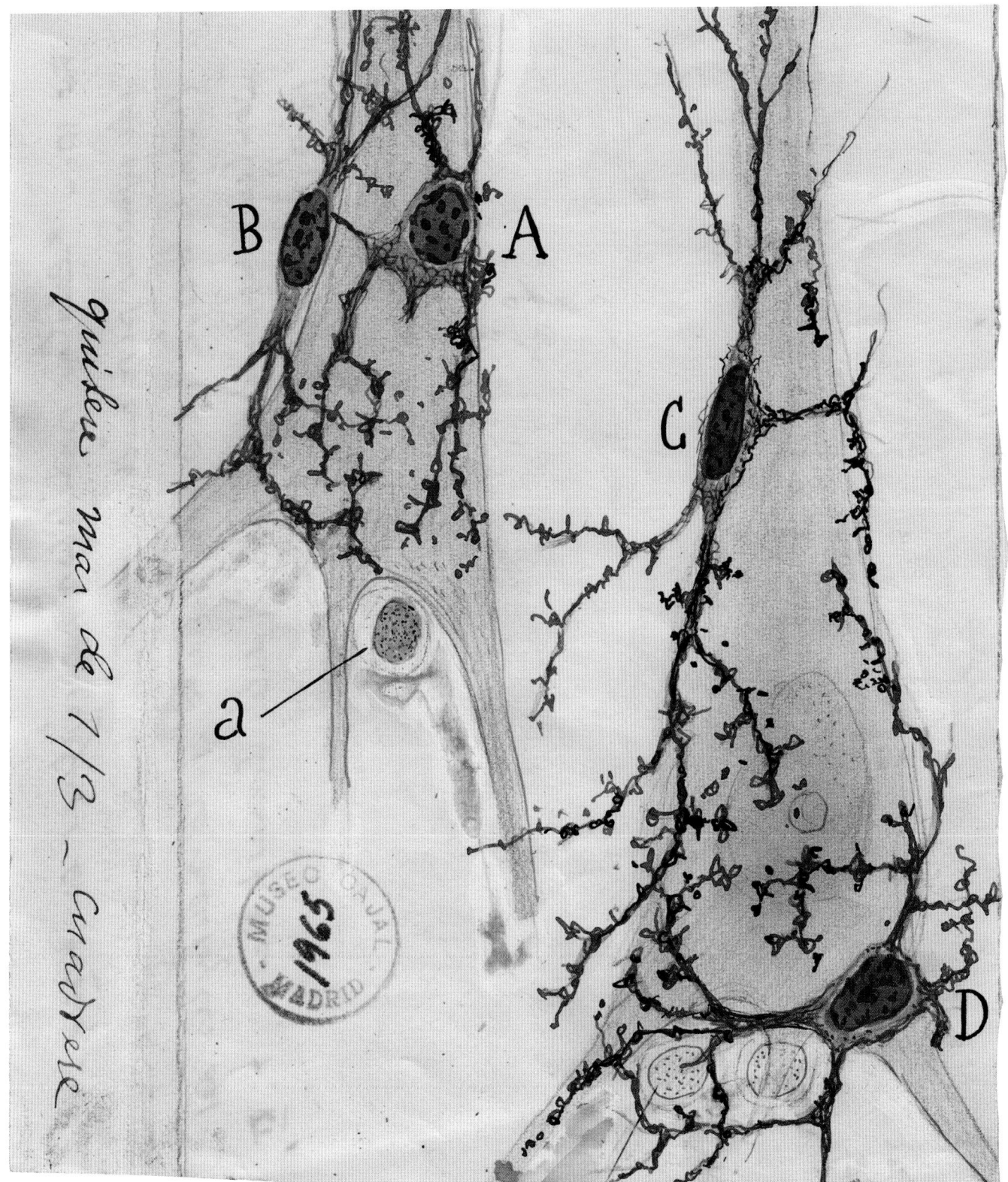

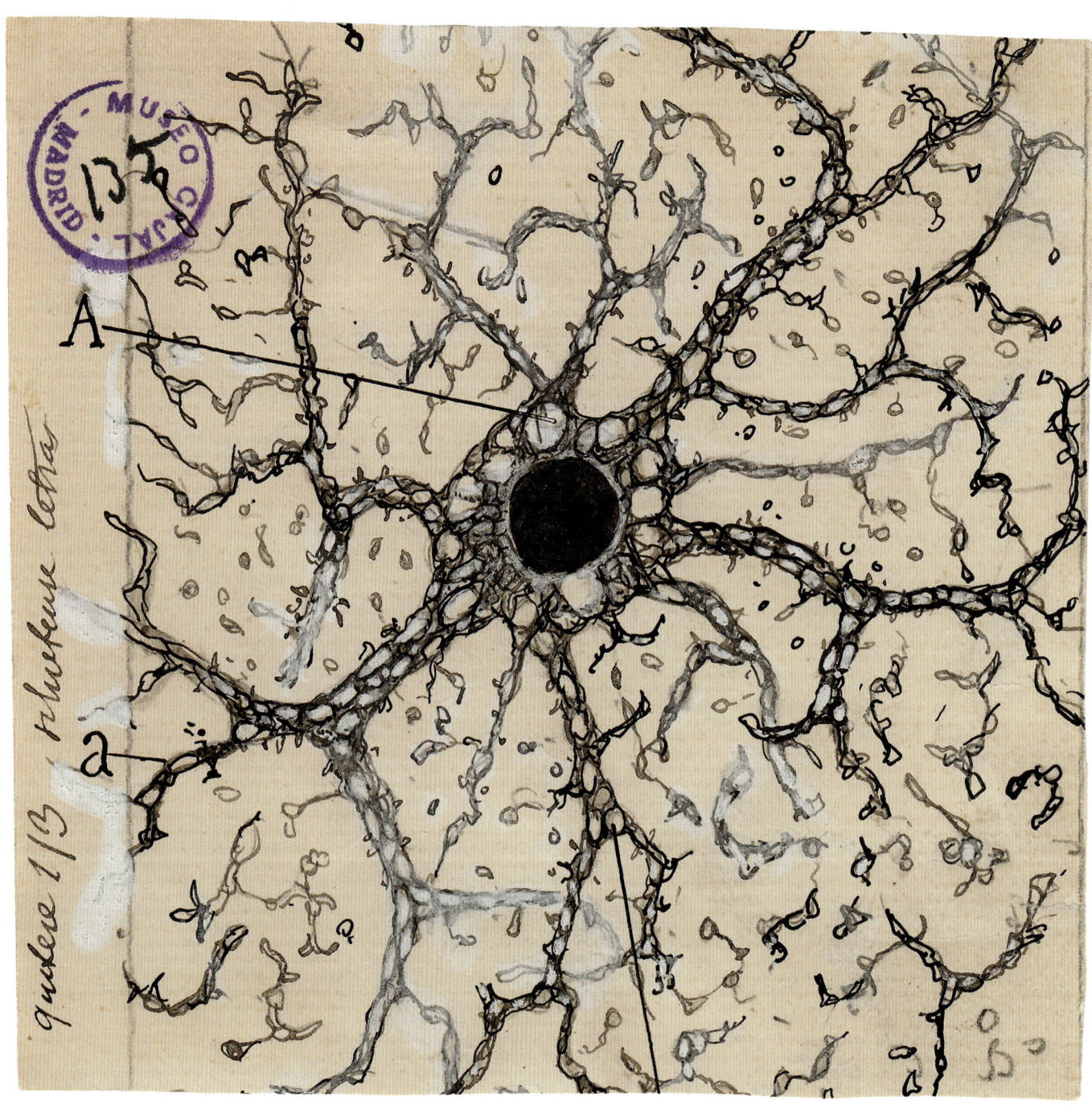

A

a

quolen 1/3 rlucture lettra

사람 해마의 별아교세포

라몬 이 카할은 대뇌피질에서 뉴런과 함께 활동하는 별아교세포들이 "뇌 활동과 연관된" 화학 신호(호르몬)를 분비하는 "거대한 내분비선에 해당할" 거라고 추측했다.[27] 이번에도 카할은 얼추 비슷하게 맞췄다. 별아교세포는 호르몬 자체를 분비하지는 않지만, 실제로 시냅스에 화학물질(신경교세포 신경전달물질)을 분비하여 뉴런의 전기적 반응을 조절한다. 또한 혈관 속으로 혈류를 조절하는 화학물질도 분비한다. 이 그림에서는 해마에 있는 별아교세포와 거기서 가지를 뻗은 여러 돌기를 볼 수 있다.

척수 회색질의 별아교세포

라몬 이 카할은 뇌가 활동할 때 별아교세포의 종족들이 혈관 벽을 잡아당겨 혈관을 확장하고 혈류를 증가시킬 것이라는 의견을 제시했다. "백색질에 있든 회색질에 있든 모든 별아교세포에는 빨아들이는 기관 혹은 혈관 주위 고리뿌리[종족]가 있다. (…) 이 종족의 목적은 그 돌기들을 수축해 돌기가 닿아 있는 곳의 혈관을 잡아당겨 확장하고 그럼으로써 혈류를 증가시키는 것인데, 이러한 혈류 증가는 정신 작용의 강도와 관련이 있다."[28] 한 세기 후의 연구자들은 카할의 추측이 대체로 정확했음을 밝혀냈다. 별아교세포는 종족을 수축하지는 않지만, 혈관을 확장하는 화학물질을 분비하여 혈액과 영양분을 더 가져옴으로써 뉴런을 활성화한다. 이 그림은 별아교세포(B)와 뉴런(a, b)의 접촉, 그리고 별아교세포 종족(c)과 혈관(V)의 접촉을 보여준다.

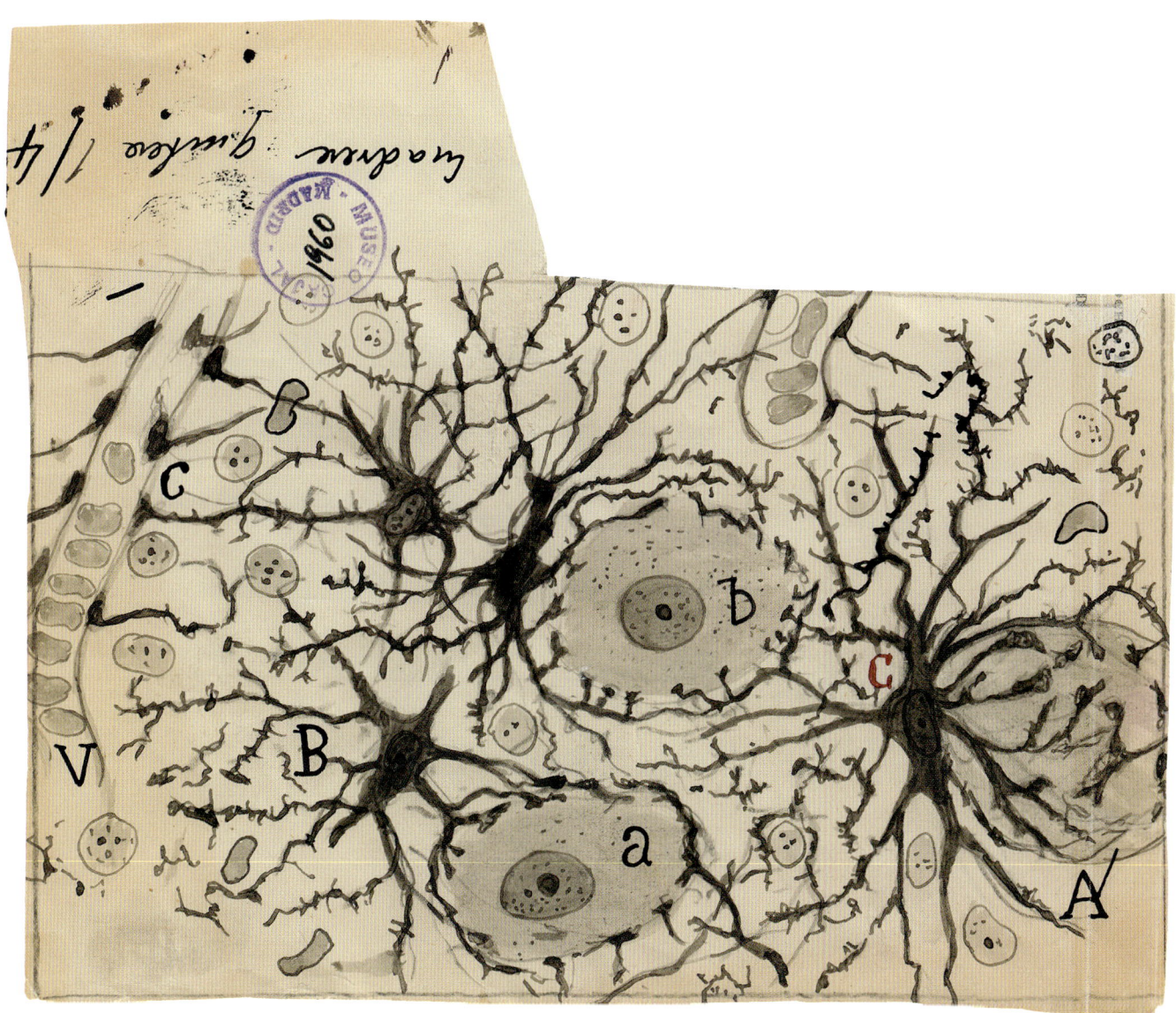

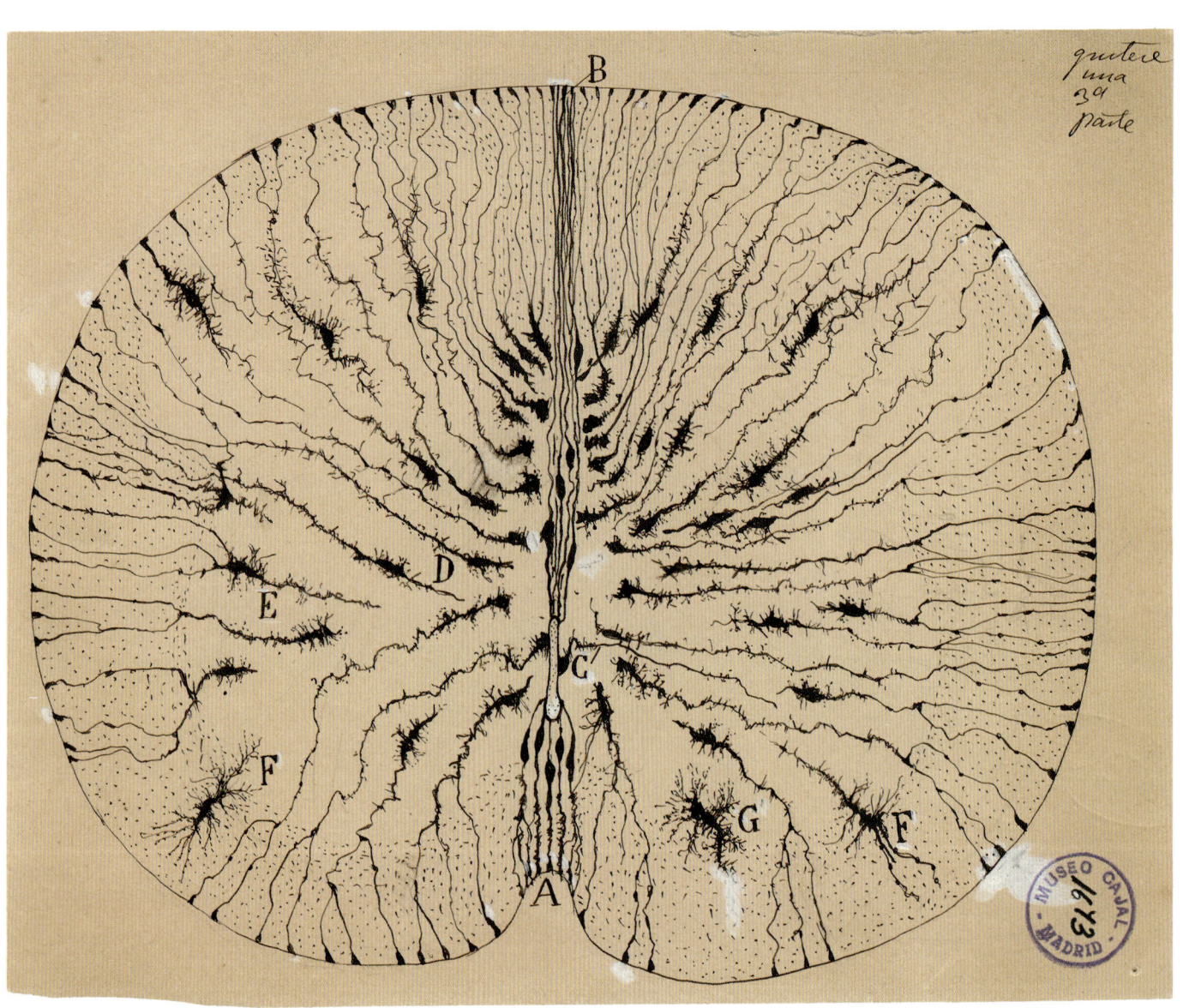

생쥐 척수의 교세포

라몬 이 카할은 성체 뇌의 구조뿐 아니라 발달도 연구했다. 이 그림에서는 발달 중인 척수의 교세포들을 볼 수 있다. 여기 그려진 교세포 대부분은 아주 길게 늘여진 세포들로 척수의 중심에서 표면까지 쭉 뻗어 있다(예컨대 D 세포). 지금은 이 세포들을 방사교세포 radial glial cell 라고 부른다. 라몬 이 카할은 동물이 성숙함에 따라 이 세포들이 별아교세포(F와 G 세포)로 변한다고 정확하게 추측했다. 이와 유사한 방사교세포들은 척수뿐 아니라 발달 중인 뇌에도 존재한다. 최근의 연구는 별아교세포뿐 아니라 뇌에 있는 대부분의 뉴런이 이 방사교세포에서 파생된 것이라는, 전혀 예상치 못한 사실을 밝혀냈다.

파리의 시엽에 있는 세포들

곤충과 사람의 신경계는 여러모로 유사하다. 두 신경계 모두 가지돌기와 축삭돌기가 있는 뉴런을 갖고 있다. 곤충의 뉴런과 사람의 뉴런 둘 다 전기 임펄스를 생성하여 각자의 뇌에서 멀리 떨어진 영역에 정보를 전달한다. 또한 두 신경계 모두 각자의 뇌에 비슷한 기능을 하는 교세포들을 갖고 있다. 이를테면 뉴런에 영양을 공급하고 뉴런의 전기적 반응의 조절을 돕는 교세포를 들 수 있다. 이 그림은 파리의 뇌에서 망막이 포착한 시각 정보를 처리하는 부위인 시엽optic lobe 일부를 보여준다. 시엽에는 자체의 교세포들이 있는데, 라몬 이 카할은 그림에서 이 교세포들(A)을 강조했다.

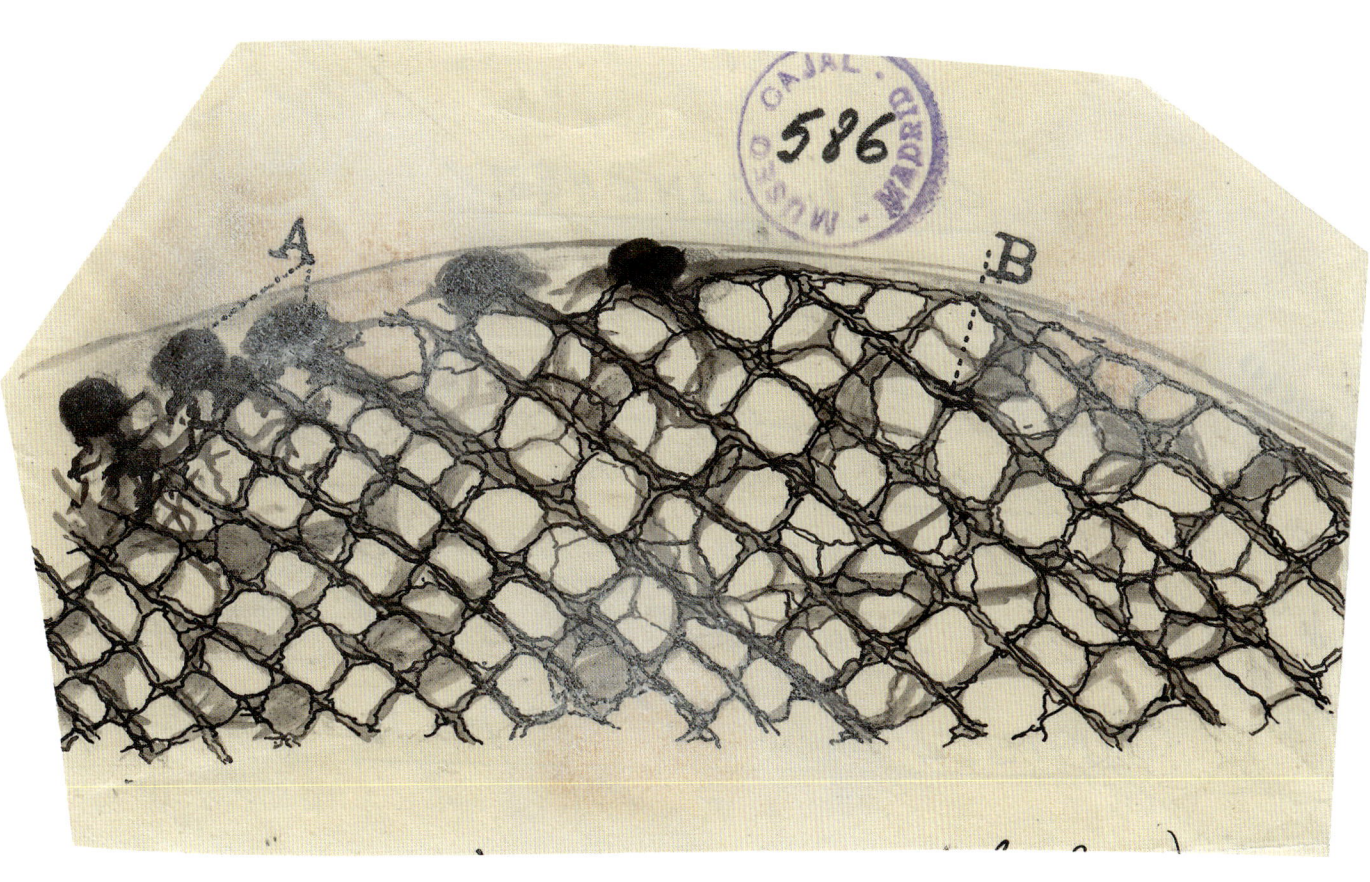

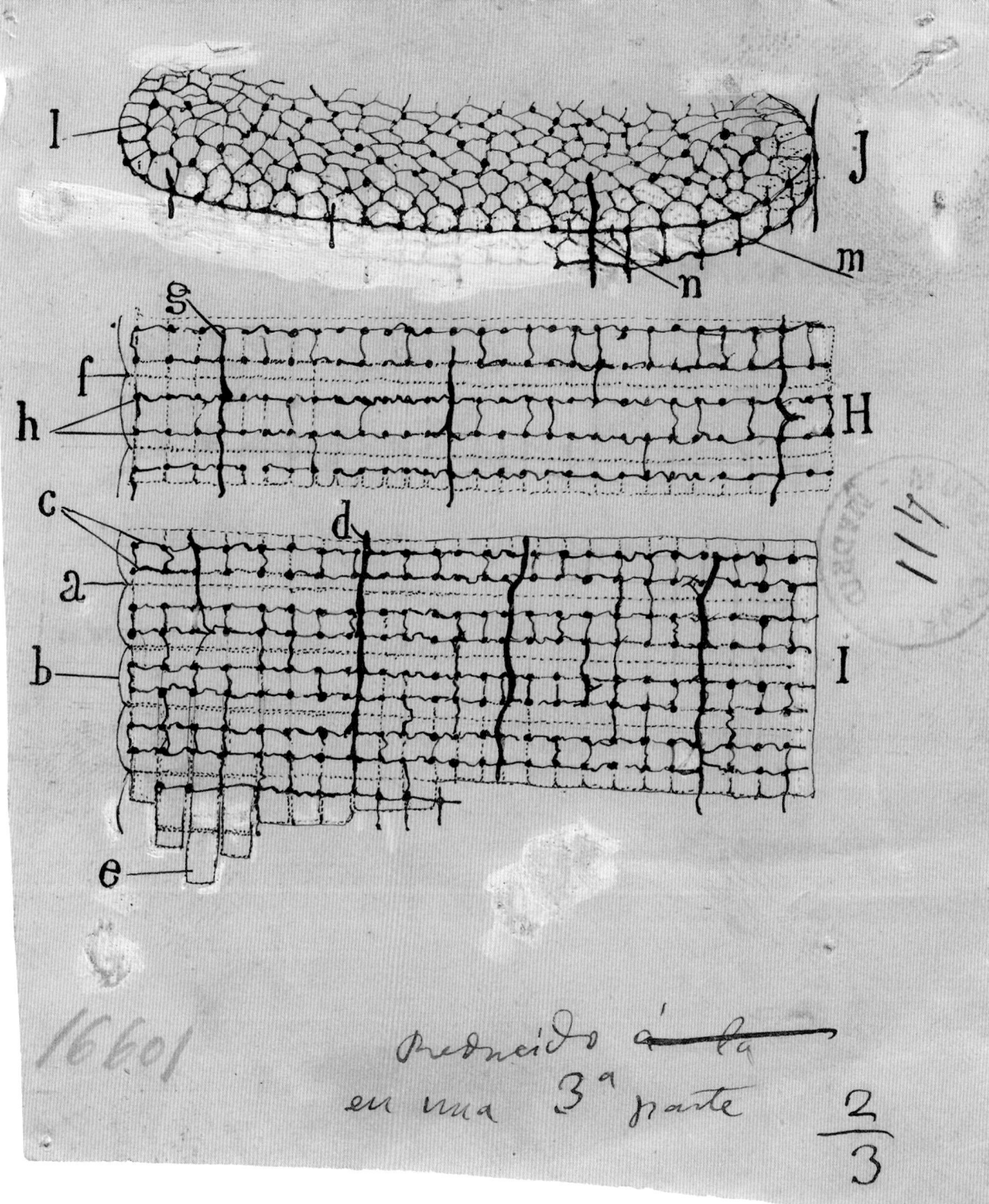

reducido á la
en una 3ª parte

$\frac{2}{3}$

풍뎅이 다리의 근육세포

라몬 이 카할은 사람, 개, 닭, 도마뱀, 개구리, 어류 등 여러 척추동물뿐 아니라 무척추
동물도 연구했다. 이 그림은 풍뎅이의 다리 근육 구조를 보여준다. 아래 두 스케치에
서 볼 수 있듯이 곤충의 근육세포는 반복적인 띠 형태로 이루어져 있다. 라몬 이 카할
의 시대에는 알려지지 않은 사실이지만, 곤충 근육세포의 반복되는 단위마다 존재하
는 두 가지 단백질(액틴^{actin}과 마이오신^{myosin})이 서로 미끄러지면서 근육을 수축시킨다.
사람의 경우도 이 두 단백질과 유사한 구조가 근육 수축에 관여한다.

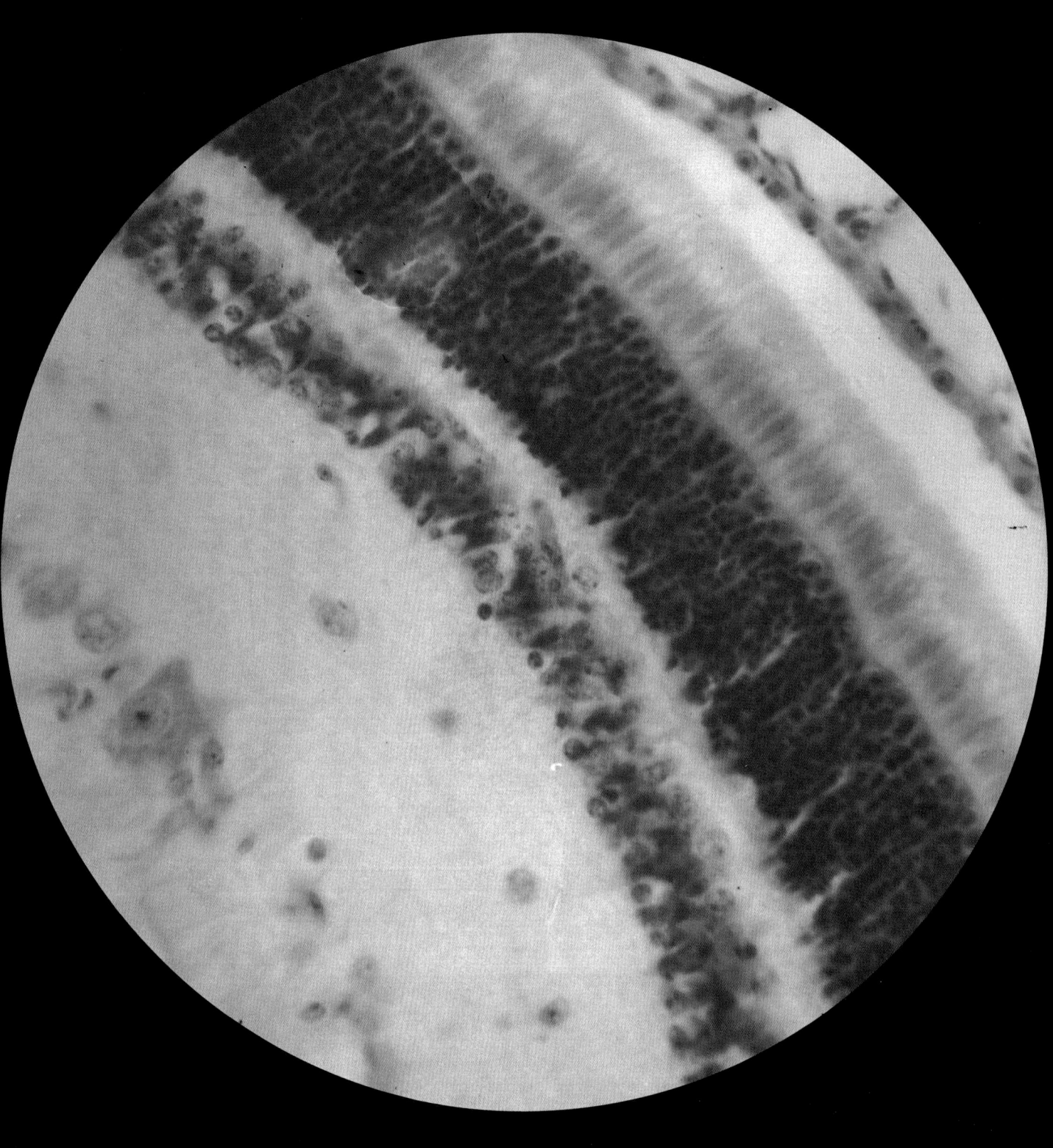

황소의 망막, 라몬 이 카할이 촬영한 현미경사진.

감각계

뇌 자체는 외부 세계를 인지하지 못한다. 그래서 눈, 귀, 코처럼 특화된 감각기관에 의지한다. 눈 뒤쪽에 있는 종잇장처럼 얇은 구조인 망막이 시각을 책임지는 감광성 조직이다. 망막은 중추신경계에 속하므로 뇌와 마찬가지로 뉴런과 교세포로 이루어져 있다. 눈의 각막과 수정체가 외부 세계의 상들을 망막에 맺히게 하면, 망막은 이 상들을 전기신호로 변환하여 뇌의 시각중추로 보내고 뇌는 이 신호들을 처리하여 우리가 보는 이미지로 만든다. 한 세기 전 라몬 이 카할을 비롯한 당시 사람들도 이런 기본 원리는 알고 있었다.

망막에 깊은 흥미를 느껴 사람뿐 아니라 다른 포유류, 조류, 어류, 곤충 등 여러 종의 망막 구조를 연구했던 라몬 이 카할은 자서전에서 이렇게 회상했다. "망막은 내가 가장 오래도록, 가장 끈질기게 좋아한 연구 대상이다. (⋯) 생명이 만들어낸 기구 가운데 시각기관만큼 섬세하게 고안되고 목적에 완벽하게 맞춰진 것은 없었다. (⋯) 나는 다른 어떤 연구 주제에서도 생명의 가늠할 수 없는 신비에 대한 전율을 이토록 강렬히 느껴본 적이 없다."[29] 라몬 이 카할의 중요한 혁신적 개념들 다수가 망막을 연구하는 과정에서 나왔다.

신경과학에 대한 라몬 이 카할의 중요한 기여 중 하나는 뇌 안에서 정보가 흐르는 방향을 추론해낸 것이다. 뉴런은 세포체, 가지처럼 생긴 일련의 두꺼운 돌기인 가지돌기, 길고 가느다란 축삭돌기로 이루어져 있다. 라몬 이 카할은 정보가 가지돌기에서 세포체로, 세포체에서 축삭돌기로 흐른다고 추론했다. 그는 자서전에서 이렇게 말했다. "우리는 [망막]에서 (⋯) 세포의 두꺼운 돌기들[가지돌기]이 항상 외부 세계 쪽으로 향해 있으며 명백히 세포체로 신호를 보낸다는 것을 관찰할 수 있는데, 반면 축삭돌기는 (⋯) 중추신경[계]을 향하고 있음을 볼 수 있다. 귀납적으로 판단했을 때 대뇌반구cerebral hemisphere, 소뇌, 척수에 존재하는 다극뉴런multipolar neuron의 가지돌기에도 유사한 역학적 속성이 있다고 추론하는 것이 자연스러웠다."[30]

다시 말해서 라몬 이 카할이 이해하기로는 외부 세계에서 들어온 정보를 받는 것은 망막 뉴런의 가지돌기들이었다. 이어서 전기신호가 뉴런의 세포체로 이동하고 마침내 다른 뉴런들과 사이에 시냅스를 형성한 축삭돌기를 통해 뉴런 외부로 나간다. 이후 라몬 이 카할은 망막 뉴런의 정보 흐름 개념을 뇌 전체로 확장해 일반화했다.

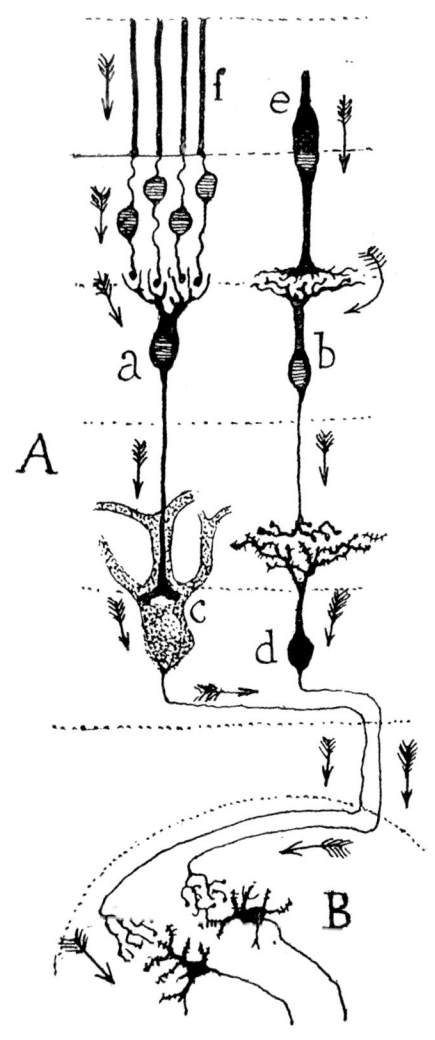

망막 뉴런의 정보 흐름에 관해 라몬 이 카할이 관찰한 사실은 왼쪽 그림에 아름답고 간명하게 요약되어 있다. 화살표는 망막에 들어온 정보가 그림 위쪽 층에 있는 빛을 감지하는 세포인 광수용체photoreceptor(e와 f)에서 중간 단계 세포들(a와 b)의 가지돌기와 세포체로 흐르고, 이어서 그림 아래쪽 층에 있는 세포의 가지돌기와 세포체(c와 d)와 축삭돌기로 흐른다는 것을 보여준다. 그런 다음 시각 정보는 이 세포들의 축삭돌기를 따라 내려와 뇌(B)로 이동한다.

라몬 이 카할이 망막 속 세포들의 구조를 꼼꼼히 살펴보고, 여기에 뇌와 척수에서 관찰한 다른 내용을 더한 추론만으로 뉴런 내부와 뉴런 간 정보 흐름의 방향을 파악했다는 것은 참으로 놀라운 일이다. 그는 뉴런 내부의 전기신호를 기록하지 않고서도(그 시대에는 기술적으로 불가능한 일이었다), 신경계에서 정보가 이동하는 방식을 추론으로 알아낸 것이다.

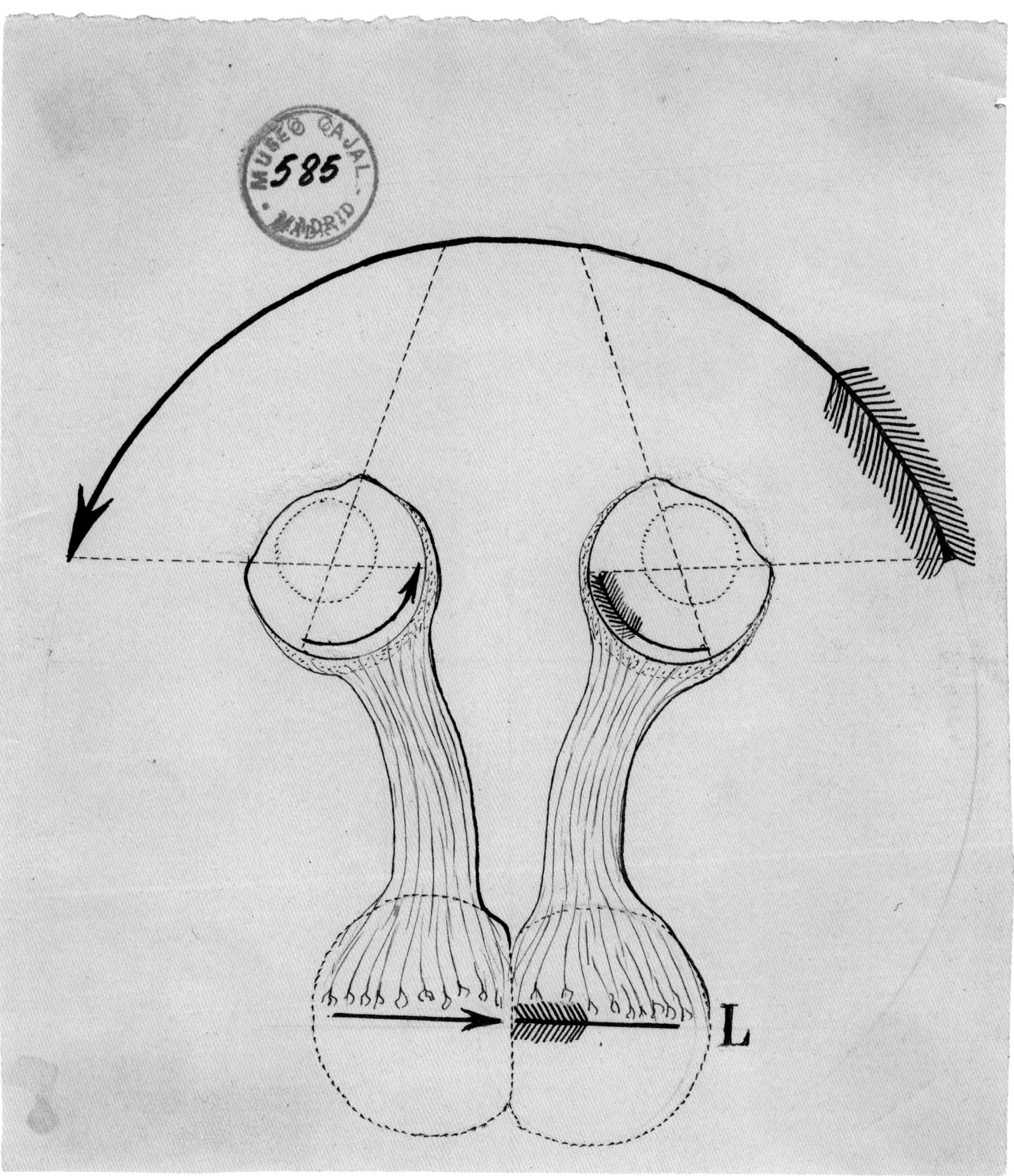

L

눈에서 뇌로 정보가 이동하는 방식을 나타내는 도해

라몬 이 카할이 살던 시대에도 오른쪽 눈으로 들어온 정보는 대부분 뇌의 왼쪽 반구로 이동하고 왼쪽 눈으로 들어온 정보는 오른쪽 반구로 간다는 사실은 알려져 있었다. 그는 왜 모든 동물에게서 이런 일이 일어나는지 궁금했다. 그래서 90쪽에 있는 그림처럼 우리의 두 눈이 화살 하나를 처다보는 상황을 상상했다. 라몬 이 카할은 두 눈으로 들어온 정보가 뇌로 이동하는 과정에서 서로 교차하지 않는다면, 90쪽 그림처럼 시각적 세계의 통합적 상이 만들어질 수 없다고, 다시 말해 뇌(L*)에서 화살의 상이 불연속적 형태를 띨 거라고 추론했다. 반면 오른쪽 그림처럼 두 눈으로 들어온 정보가 교차한다면, 그 결과 잘 통합된 상(화살, Rv**)이 만들어질 것이다. 그는 자서전에서 이 추론 과정을 다음과 같이 정리했다. "외부 현실과 우리의 인식이 하나로 통합되어 정확히 일치하려면, 바꿔 말해서 오른쪽 눈으로 전달된 상이 왼쪽 눈으로 전달된 상과 자연스럽게 잘 이어지려면 시각 경로는 반드시 서로 교차해야 한다."[31]

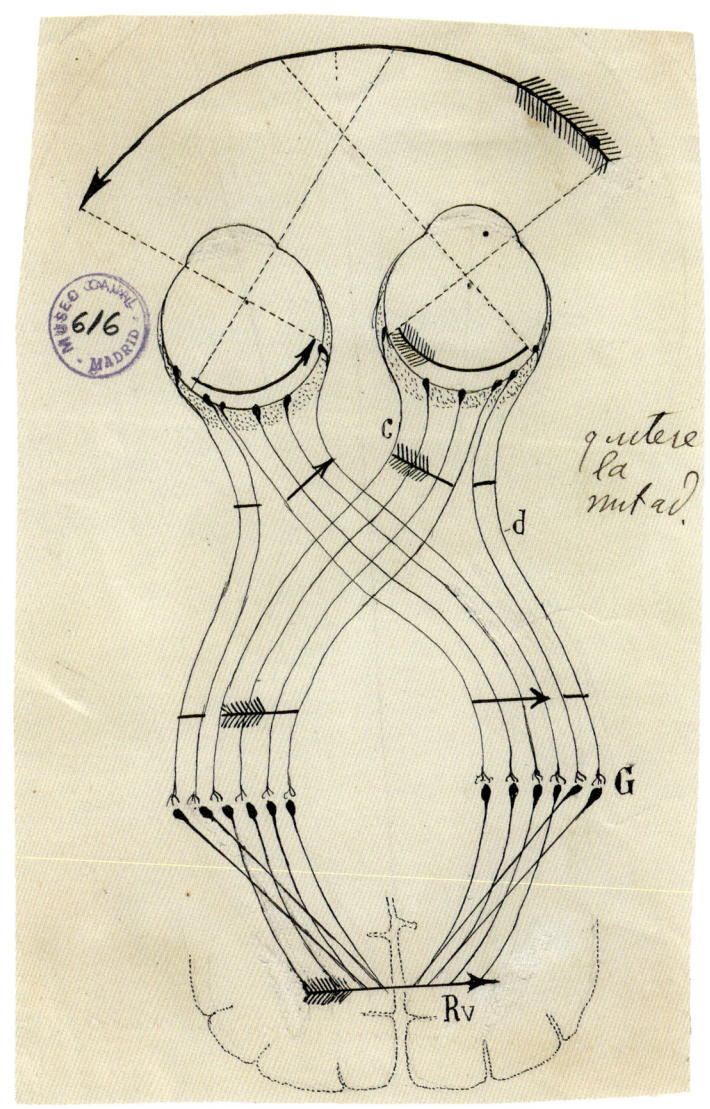

* 시엽 lóbulos ópticos(optic lobe)

** 대뇌 시각영역 región visual del cerebro(visual region of the cerebrum)

눈의 망막에 있는 세포들

라몬 이 카할은 눈 뒤쪽 감광 조직인 망막의 중요한 세포 유형들을 이 그림 하나에 총망라했다. 또한 망막의 구조를 이루는 여러 층도 오른쪽에 대문자로 표시하여 강조했다. 망막에 들어온 빛이 B, C, D 층에 있는 감광성 뉴런(광수용체)들을 활성화한다는 사실은 당시에도 알려져 있었다. 이 광수용체 뉴런들은 빛을 전기신호로 변환한다. 라몬 이 카할이 추론했듯이 이 신호는 연접부(시냅스)를 통해 F층에 있는 뉴런(양극세포 bipolar cell)들로 전달되고, 이어서 H층에 있는 또 다른 유형의 뉴런(신경절세포 ganglion cell)들로 전달되며, 이 신경절세포들이 망막에서 뇌로 시각 정보를 보낸다. F층에 있는 다른 뉴런(수평세포 horizontal cell와 무축삭세포 amacrine cell)들은 신호가 뇌에 도착하기 전에 시각 정보를 처리하는 일의 첫 단계에 참여한다. 그림에서 ñ과 o로 표시된 세포들은 시각 정보를 처리하는 과정에서 뉴런을 보조하는 교세포들이다. 라몬 이 카할은 이 세포들을 옆으로 빼둠으로써 교세포와 뉴런을 명확히 구분했다. 또한 교세포 중 별아교세포(o)는 그 형태를 더 잘 알아볼 수 있도록 옆으로 돌려서 그려놓았다. 라몬 이 카할은 마치 입체파 회화 같은 이 그림 한 장으로 망막의 다각적인 모습을 고루 표현해냈다.

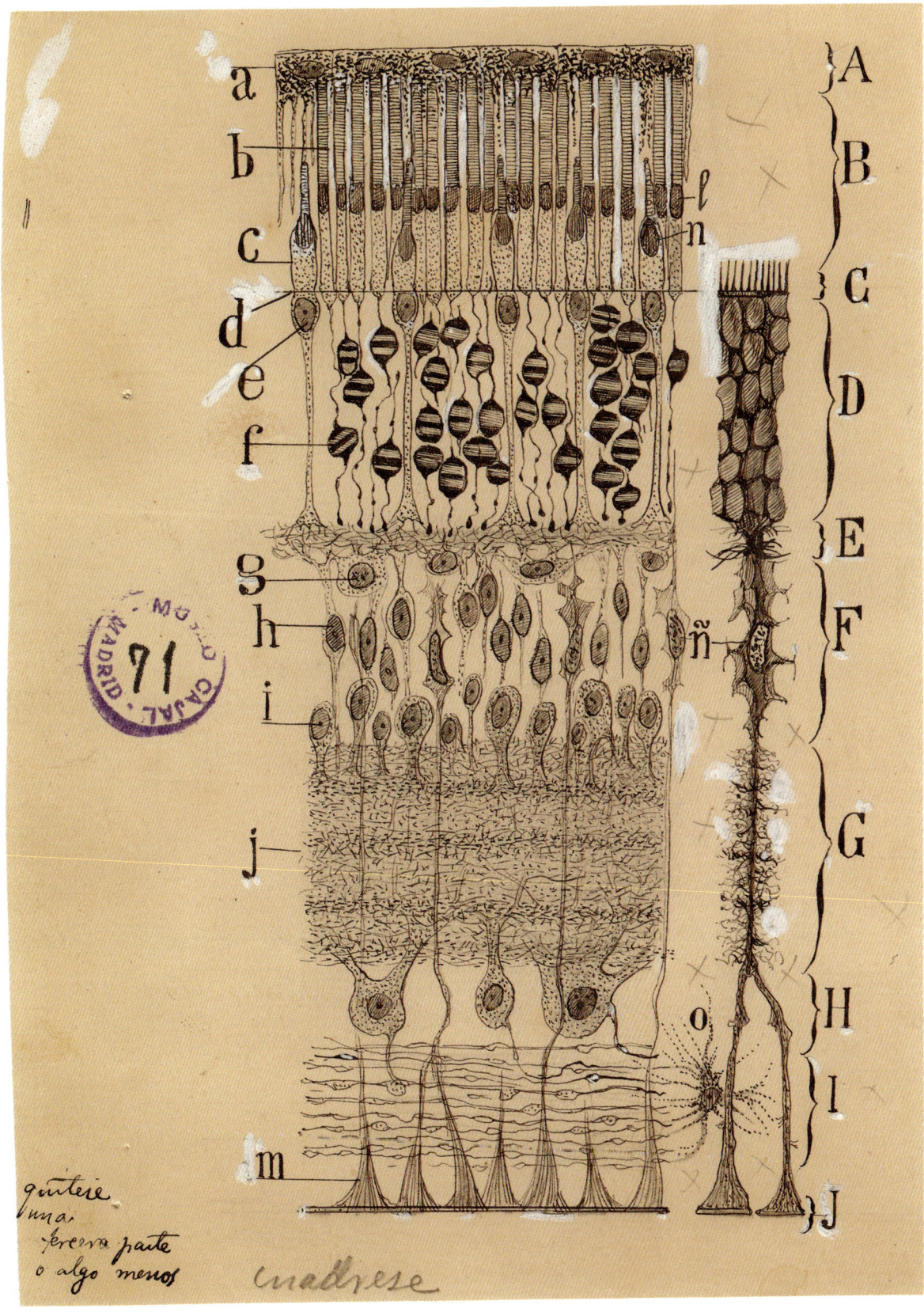

a

b

c

d

e

f

g

h

i

j

m

ℓ

n

ñ

o

A

B

C

D

E

F

G

H

I

J

gántese
una
tercera parte
o algo menos

cuadrese

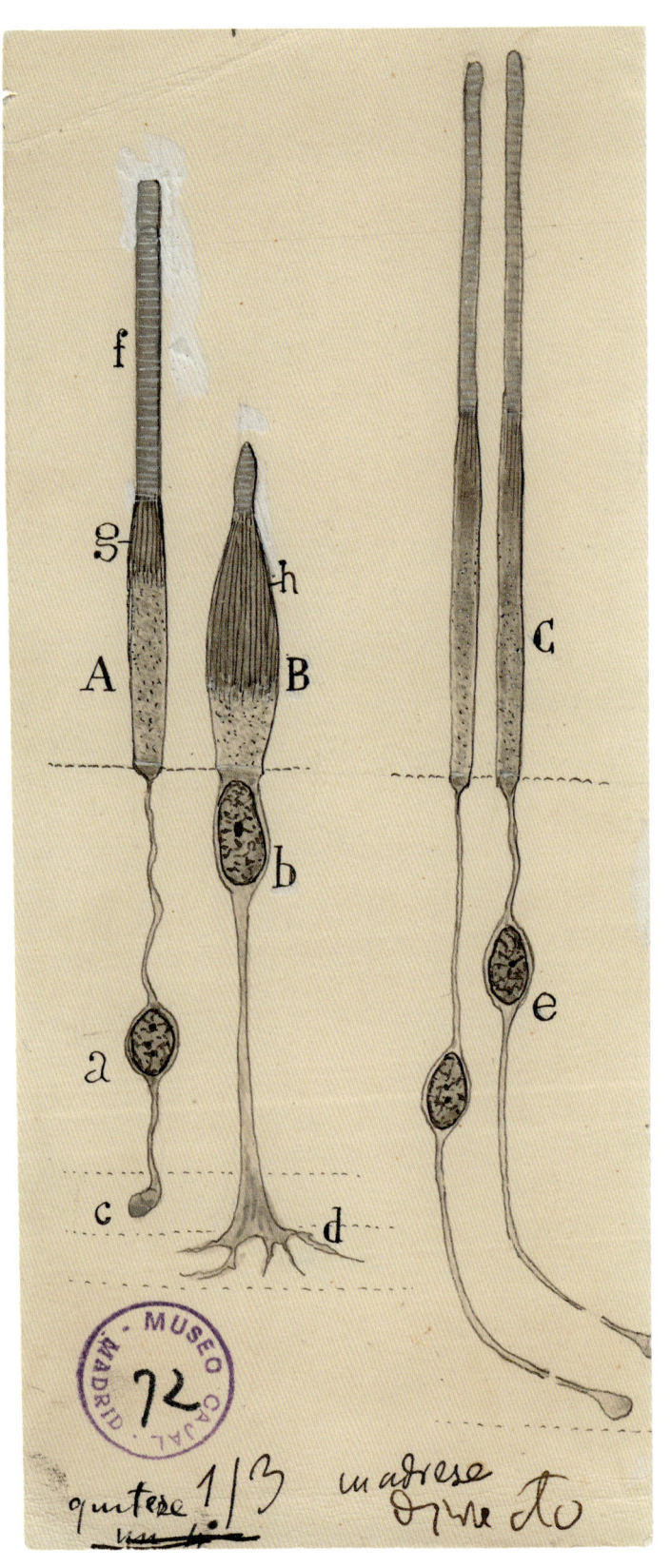

사람 망막의 막대세포와 원뿔세포

라몬 이 카할은 망막에서 빛을 감지하여 전기신호로 바꾸는 광수용체 뉴런을 두 유형으로 구분했다. A 세포는 막대광수용체rod photoreceptor이고, B와 C 세포는 원뿔광수용체cone photoreceptor의 두 가지 다른 하위 유형이다. 그는 색을 구별할 수 없는 어두운 곳에서 보는 일은 막대세포가 담당하며, 밝은 빛에서 색을 분간하는 일은 원뿔세포가 맡는다는 것을 알았다. 소문자로 표시된 것은 광수용체 세포의 여러 부분으로 f는 감광성 돌기인 외절outer segment이며, a, b, e는 세포체, c와 d는 다른 뉴런들과의 연접부(시냅스)다.

비둘기 망막의 광수용체인 원뿔세포

라몬 이 카할은 동물 유형에 따라 다른 망막의 다양성과 특수성에 깊은 흥미를 느꼈다. 이 그림에서는 비둘기 망막의 광수용체를 보여준다. 비둘기는 낮에 주로 활동하기 때문에 망막 안에 밝은 빛에 민감한 원뿔세포가 많다. 이 그림에는 원뿔세포(A) 네 개가 그려져 있다. 라몬 이 카할은 이 그림에서 조류 원뿔세포에 특화된 요소인 유색기름방울colored oil droplet(a)과 원뿔세포에서 빛을 감각하는 외절 바로 밑에 있는 작고 둥근 구조물(b, c, d)을 강조했다. 그도 알고 있었듯, 여섯 가지 색깔로 이루어져 있는 유색기름방울은 빛이 감광성 외절에 닿기 전에 빛을 투과시켜 새들이 인간보다 훨씬 더 넓은 범위의 색을 보도록 한다. 라몬 이 카할은 이 그림에서 망막색소상피세포retinal pigment epithelium cell(B)도 보여준다. 이 세포들은 검은 색소를 함유하고 있으며, 망막 뒤에 빼곡히 늘어서서 막 같은 구조를 형성하여 시각 처리에 방해가 되는 빛이 망막으로 가는 걸 차단한다.

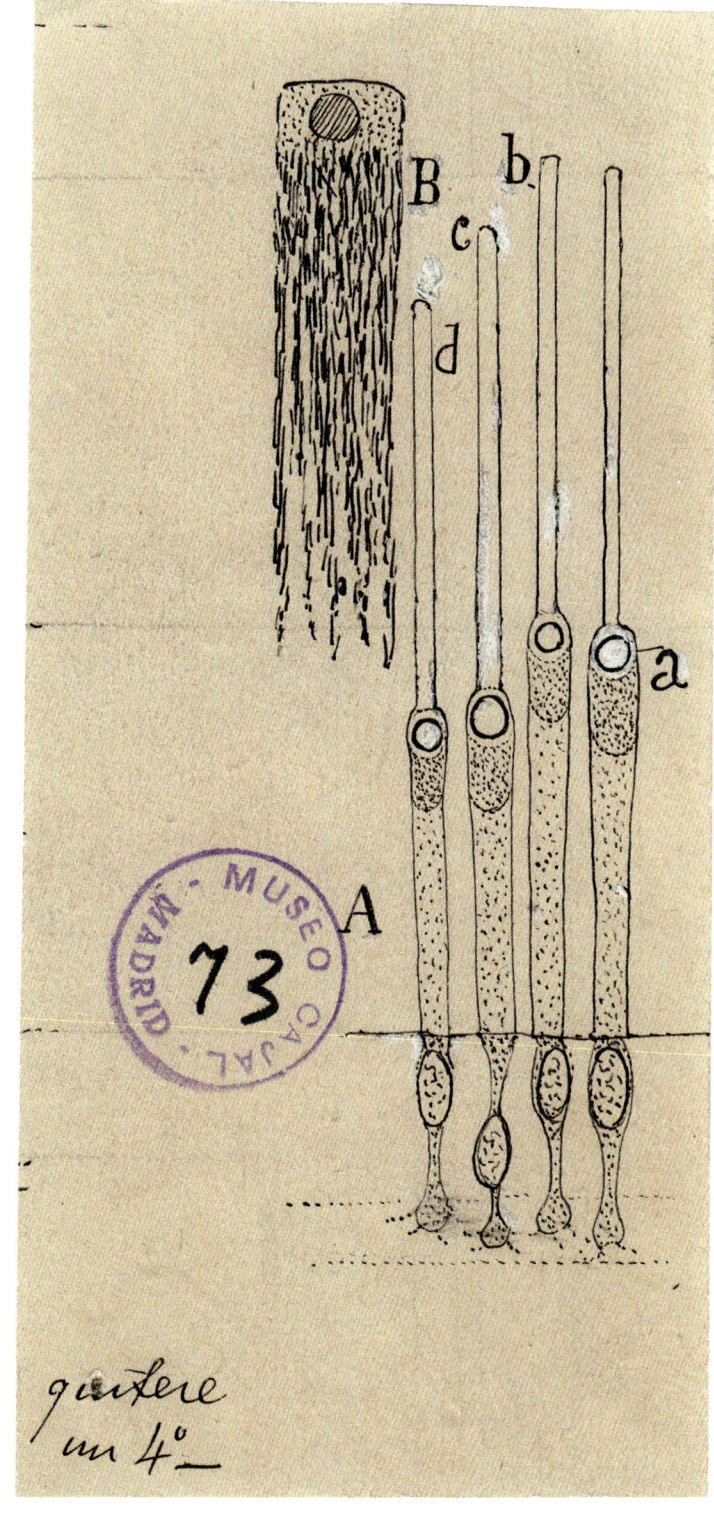

B

b

c

d

a

A

gautere
en 4º

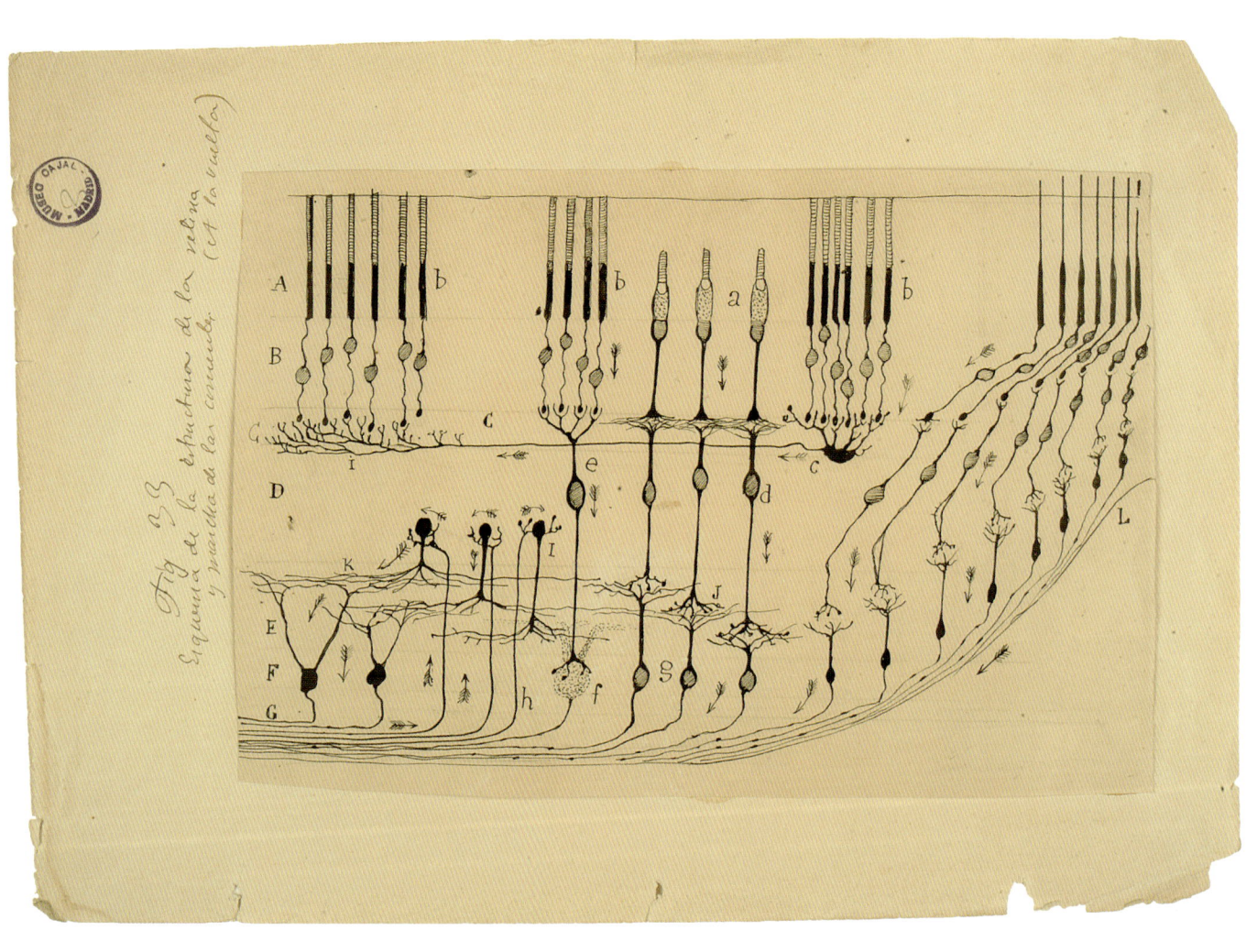

Fig 33
Esquema de la estructura de la retina
y marcha de las corrientes. (A la vuelta)

정보의 흐름을 알려주는 망막의 구조도

라몬 이 카할은 뉴런의 구조를 살펴보고 입력 부위와 출력 부위를 파악함으로써 정보 흐름의 방향을 추론했다. 이 그림은 시각 정보가 처리되는 정확한 구조적 세부 사항뿐 아니라 순서를 화살표로 표시함으로써 망막에서 정보가 흐르는 경로를 보여준다. 먼저 빛이 광수용체 뉴런들(A층과 B층)을 자극한다. 그런 다음 중계 뉴런들(D층)로 시각 정보가 전송되고, 이어서 망막의 출력 뉴런들(F층)로 전달된다. 전기신호가 출력 뉴런들(G층)의 길고 가는 축삭돌기를 따라 이동하며 뇌(그림에는 없음)로 시각 정보를 전달한다. 망막에서 가장 얇은 부분인 중심부(중심와 central fovea)는 이 그림의 오른쪽에 표시되어 있다(L). 카할이 관찰한 대로, 이 중심와에는 빛을 감지하는 광수용체들이 밀집해 있어 우리에게 가장 선명한 시각을 제공한다.

도마뱀의 망막

라몬 이 카할은 망막의 출력 뉴런, 즉 망막에서 뇌로 전기신호를 보내는 신경절세포들의 모양
과 크기가 다양하다는 사실을 알아차렸다. 심지어 이 세포들에서는 망막의 다른 뉴런에서 입
력 신호를 받는 가지돌기의 크기와 형태도 제각각이다. 하지만 라몬 이 카할은 이 세포들이 모
두 망막에서 뇌로 이어지는 축삭돌기(그림 아래쪽의 가늘고 긴 신경돌기)를 가지고 있다는 점에서
지당하게도 이 신경절세포들을 한 부류의 뉴런으로 분류했다. 지금 우리는 이 출력 뉴런들의
서로 다른 형태가 각자의 특수한 기능을 나타낸다는 사실을 알고 있다. 이들 가운데 일부는 외
부 세계의 사물이 움직일 때 신호를 보내고, 또 다른 일부는 빛이 밝아질 때, 또 다른 뉴런은 빨
간색이나 초록색 사물이 있을 때 신호를 보내는 식이다.

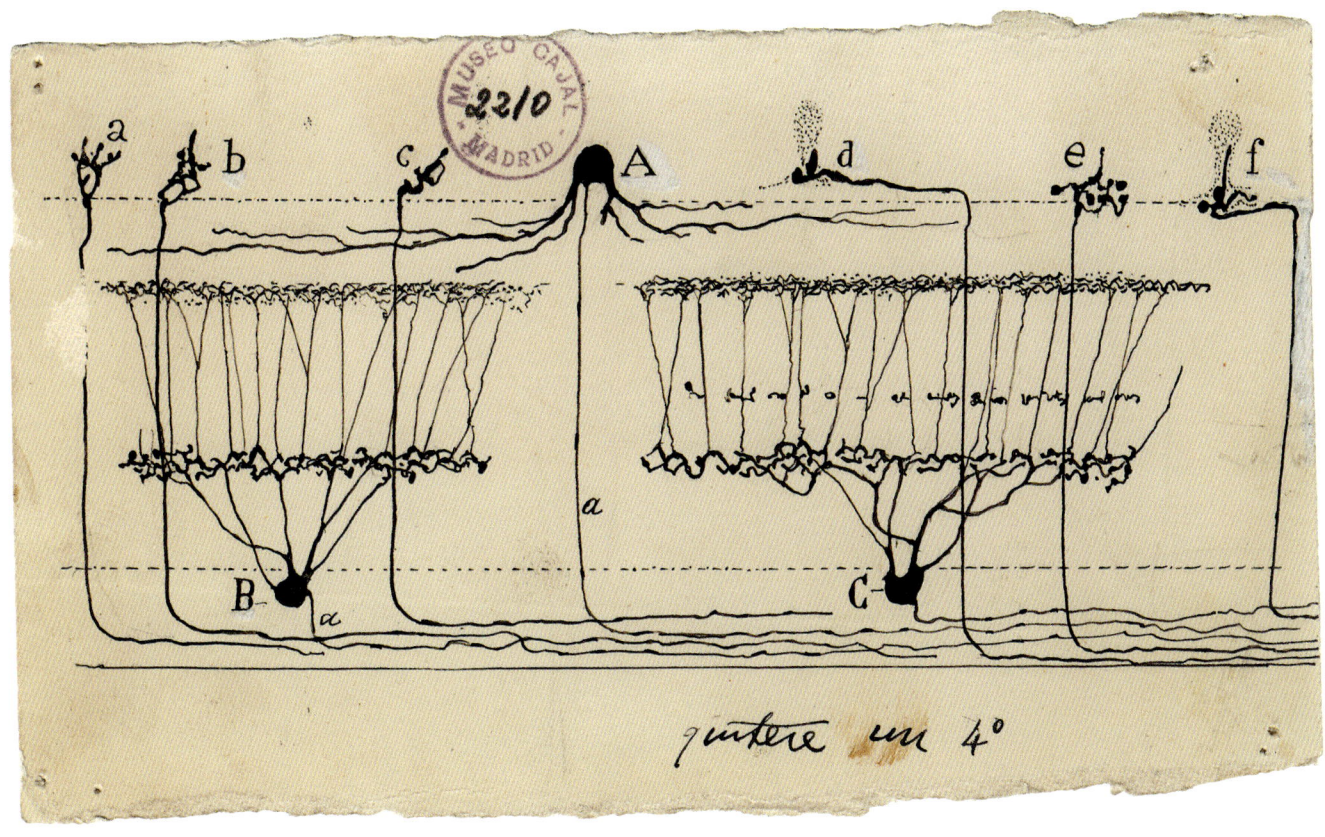

참새의 망막

라몬 이 카할이 여러 점의 아름다운 망막 그림에서 보여주었듯이, 망막의 출력 뉴런인 신경절세포는 크기와 모양이 다양하다. 이 그림에는 신경절세포의 한 하위 유형으로 그가 이중층신경절세포 bistratified ganglion cell (세포 B와 C)라 부른 것이 그려져 있다. 이중층신경절세포의 가지돌기 나무는 망막의 두 층 안에서 가지를 무성하게 뻗고 있다. 더불어 라몬 이 카할은 아주 희소한 유형의 망막 뉴런 하나도 알아보고 이 그림에 기록해두었다. 이 뉴런의 세포체는 뇌에 있고(이 그림에서는 보이지 않는다) 축삭돌기는 눈까지 내려와 망막에 닿는다. 이 뉴런들(a, b, c, d, e, f)은 뇌에서 거꾸로 망막으로 정보를 보내며, 조류뿐 아니라 포유류에게도 존재한다. 라몬 이 카할이 이 뉴런들을 묘사한 뒤 한 세기가 지난 오늘날까지도 우리는 이 뉴런들의 정확한 기능을 알지 못한다.

고양이의 위둔덕

시각 신호는 눈에서 대뇌피질로 이동하여, 대뇌피질에서 처리됨으로써 사물로 지각된다. 또한 시각 신호는 눈에서 곧바로 중간뇌midbrain로 이동하여 위둔덕superior colliculus이라는 구조물에도 당도하는데, 이 그림에 그려진 것이 바로 위둔덕이다. 라몬 이 카할은 눈에서 위둔덕까지 뻗어가는 축삭돌기의 갈래갈래 나뉜 말단을 최초로 묘사했다. 이 그림은 눈(A)에서 나가는 축삭돌기 다발과 위둔덕의 서로 다른 층에 도달한 축삭돌기의 말단들(a, b, c)을 보여준다. 그는 오직 해부학적 경로만을 근거로 이 중간뇌 구조물이 눈의 움직임을 조절하는 시각 반사 반응을 일으킨다고 결론 내렸다. 현대의 연구는 라몬 이 카할의 이런 추측이 사실임을 밝혔다.

qmtere
una 3ª parte

B

c   c

b

A   a   a

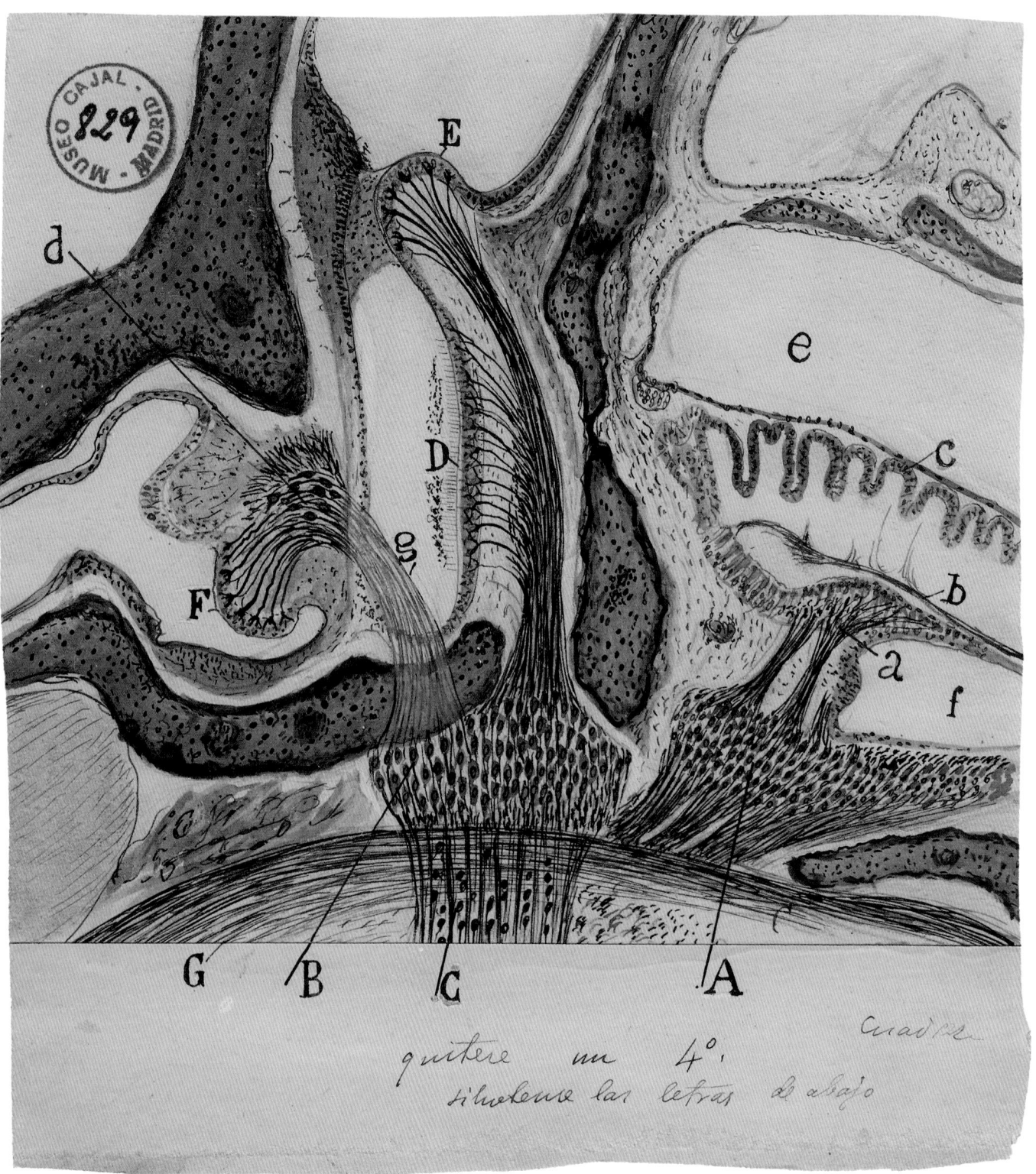

d

E

e

D

c

g

b

F

a

f

G   B   C   A

quítese un 4º.

siluetense las letras de abajo

Cuadre

속귀의 미로

라몬 이 카할은 시각과 망막의 구조에 가장 깊은 매력을 느꼈지만 다른 감각기관을 연구하는 일도 게을리하지 않았다. 이 그림에서는 청각과 균형을 관장하는 감각 조직들이 포함된 속귀^{inner ear}의 미로를 볼 수 있다. 미로라는 명칭은 진짜 미로처럼 복잡하게 얽힌 구조여서 붙었다. 바로 이 미로를 통과하는 동안 음파가 전기신호로 변환된다. 그림은 단면으로 자른 미로의 모습을 보여준다. 소리를 전기신호로 바꾸는 코르티기관^{organ of Corti}은 a와 b에서 볼 수 있다(106쪽 참고). 머리의 회전을 감지하는 조직인 반고리뼈관^{semicircular canal}은 E와 F로 표시되어 있고, 머리의 움직임과 기울어짐을 감지하는 조직인 이석기관^{otolith organ}은 D에서 볼 수 있다. 이 기관들이 감지한 정보들을 뇌로 보내는 뉴런은 A와 B로 표시되었다.

사람 속귀의 코르티기관

코르티기관은 속귀에서 실무를 담당하는 곳, 다시 말해 소리를 전기신호로 변환하는 곳이다. 라몬 이 카할이 그린 코르티기관 그림에는 이 구조물의 결정적인 요소들이 잘 요약되어 있다. 바깥귀와 가운데귀를 통해 전달된 소리는 속귀로 들어가 속털세포 inner hair cell (G) 위의 작은 털(섬모)을 진동시킨다. 이 진동이 속털세포 안에서 전기신호를 생성하고, 이어서 이 전기신호는 달팽이신경 cochlear nerve (N)을 따라 뇌로 이동한다. 추가로 겉털세포 outer hair cell (C)는 코르티기관 안에서 모터처럼 기능하여 움직임을 만들어냄으로써 속털세포가 감지한 신호를 증폭하는 역할을 한다.

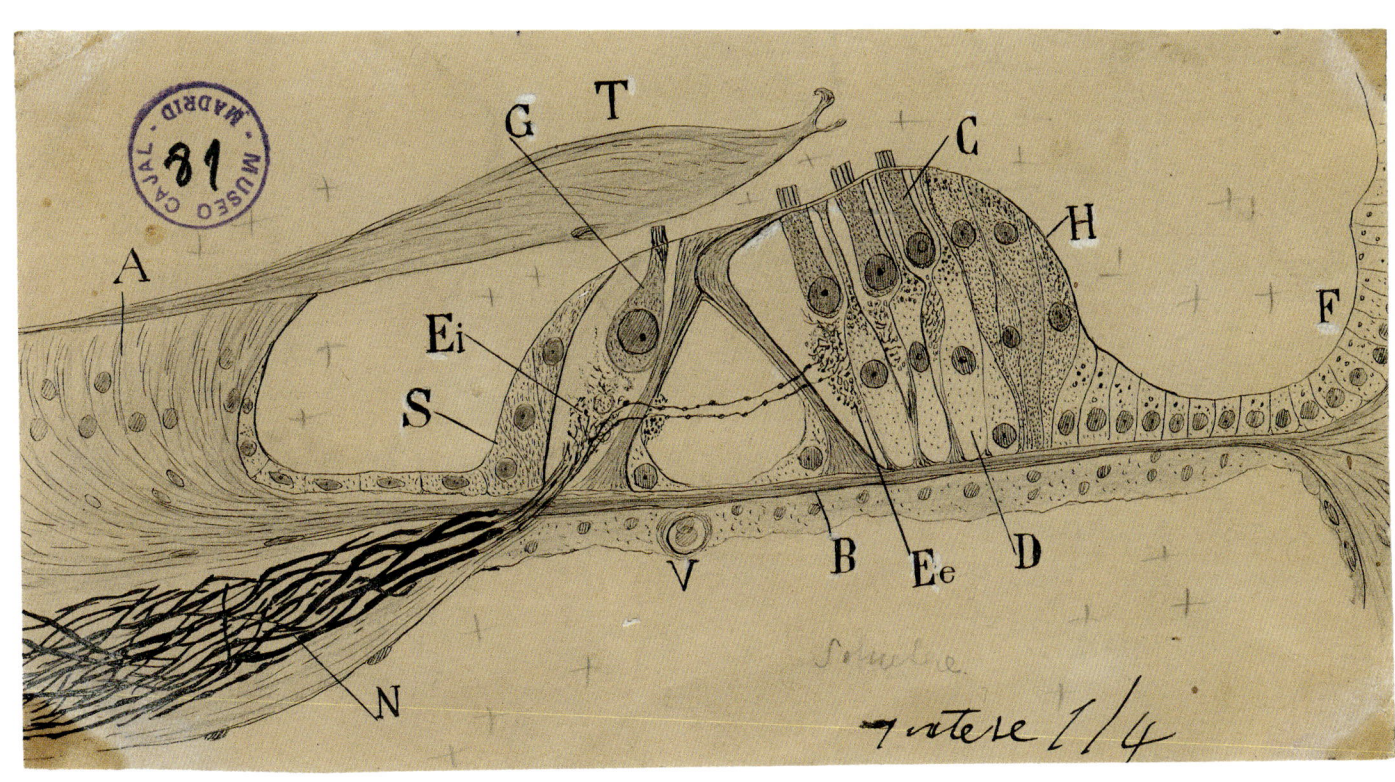

3/4

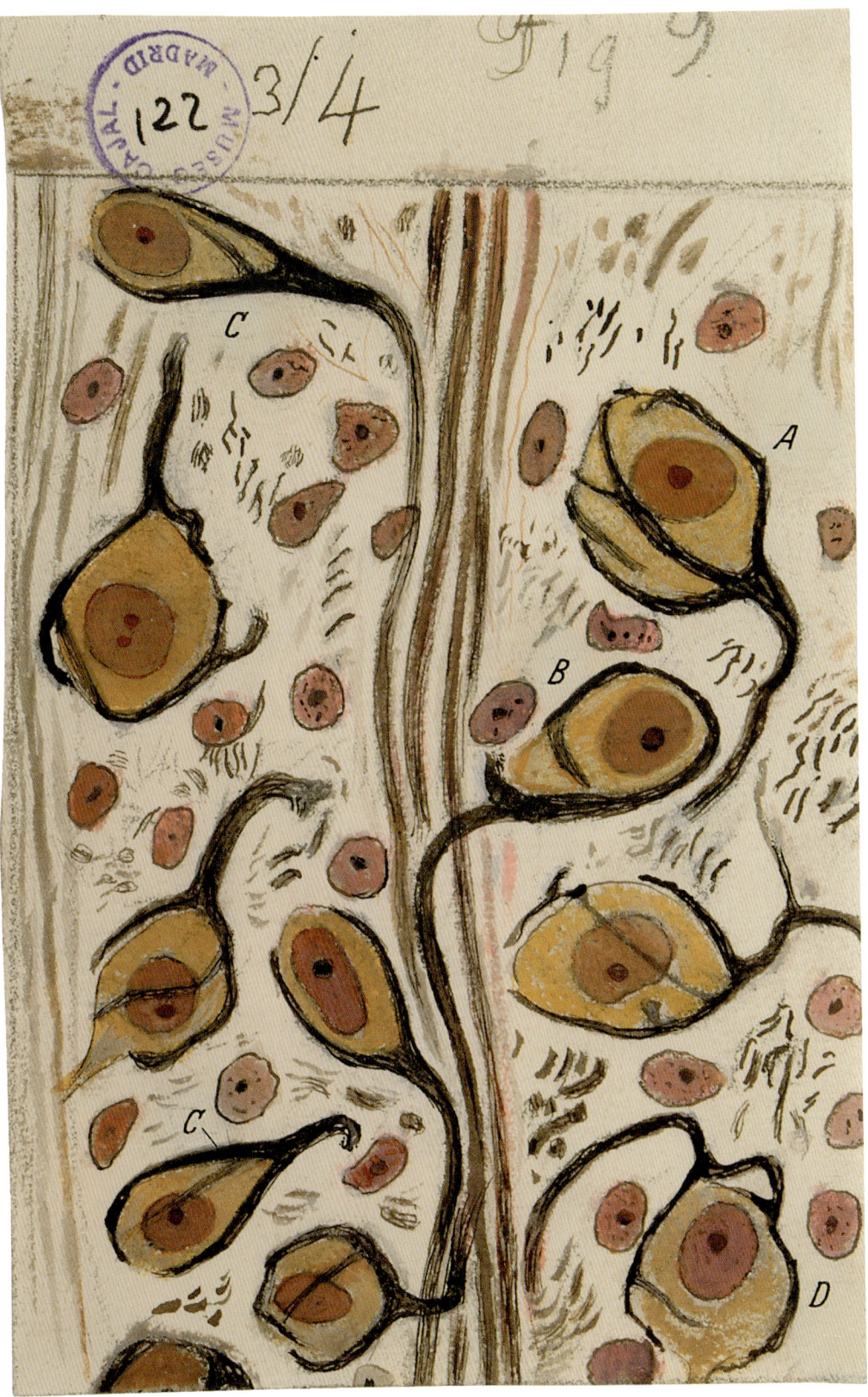

마름섬유체핵과 헬트의 꽃받침

헬트의 꽃받침calyx of Held은 청각 정보를 전달하는 축삭돌기가 마름섬유체trapezoid body•
라는 뇌간 구조물 속 뉴런들과 연접해 만들어내는 시냅스를 말한다. 1883년 한스 헬
트가 꽃받침을 닮은 모습을 보고 붙인 이름이다. 헬트의 꽃받침은 뇌에서 가장 큰 시
냅스로, 옆 쪽과 35쪽의 그림에서 노란 세포 주위를 감싸고 있는 튼튼한 검은 선으로
그려져 있다.•• 라몬 이 카할도 잘 알고 있던 대로 이 노란 세포들은 소리를 감지하는
뇌 시스템의 일부다. 헬트의 꽃받침은 정보를 신속하고 확실하게 전달하여 소리가 나
는 위치를 정확히 파악하도록 돕는다. 라몬 이 카할은 이 시냅스의 구조를, 뇌가 별개
의 뉴런으로 구성되어 있다는 뉴런주의를 뒷받침하는 근거로도 활용했다. "이 받침 부
분은 세포에 매우 밀착되어 있긴 하지만, 세포 외부에 있는 것이라는 인상을 준다."[32]

• 마름섬유체는 뇌간의 숨뇌(medulla)와 교뇌 사이에 있는 청각 경로의 일부로 청각 정보를 전달하는 축삭돌기 다
발로 이루어지며, 양쪽 귀에서 들어온 소리 정보를 교차하여 전달하면서 소리의 방향과 위치 분석을 돕는다. 마
름섬유체핵은 마름섬유체 주변 뉴런의 세포체들로 청각 신호를 세밀하게 조정하고 처리하며, 특히 소리의 방향
을 감시하는 역할을 한다. 헬트이 꽃받침은 바로 이 뉴런 세포체들을 감싸고 있다.

•• 엄밀히 말하면 검은 선은 청각 정보를 전달하는 축삭돌기의 말단이며, 이 말단이 세포와 맞닿아 있는 부위가 시
냅스다.

어린이의 청각 피질 뉴런

속귀에서 생겨난 청각 신호는 마름섬유체핵에서 헬트의 꽃받침을 통과하고(35쪽, 108쪽 참고) 몇 가지 다른 뇌 조직을 통과한 뒤 대뇌피질에 도착해 소리로 인지된다. 이 그림은 대뇌피질의 청각 영역에서 청각 신호 처리를 돕는 뉴런 중 하나의 구조를 보여준다.

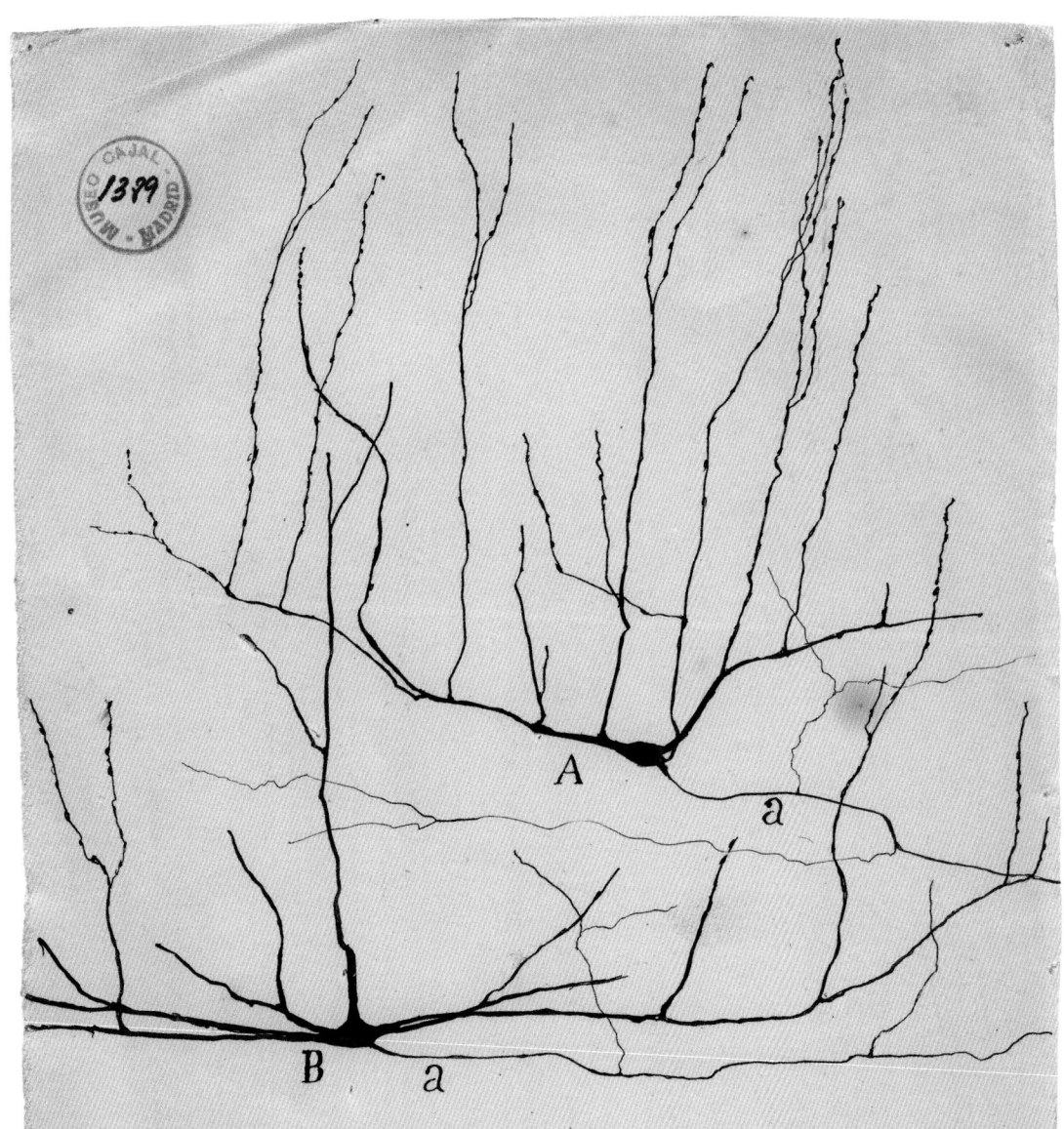

A

a

B   a

quitere algo mas de un tercio

D   E   G   C M F   A   B

전정신경의 말단

전정신경^{vestibular nerve}은 속귀에서 머리의 방향과 움직임을 감지하는 구조물들이 보내는 정보를 전달한다. 뇌는 이 정보를 활용해 몸을 일으킬 때 직립을 유지하도록 돕고, 머리를 움직일 때 보고 있는 사물에 눈을 고정하도록 해준다. 이 그림은 속귀에서 출발해 뇌간의 전정핵^{vestibular nucleus}에 도달한 축삭돌기들의 말단을 보여준다.

설치류 뇌의 후각 경로

코로 들어온 후각 정보는 뇌에서 제일 먼저 후각망울 olfactory bulb (A)로 들어가고, 이어서 곧바로 후각 피질로 이동해 냄새로 해석된다. 진화론적 관점에서 보면 후각은 인간의 가장 원시적인 감각이다. 대뇌피질에서 냄새를 담당하는 영역도 그와 유사하게 원시적이어서, 다른 감각을 담당하는 영역이 여섯 층으로 구성된 것과 달리 세 층만으로 되어 있다. 후각계 경로를 대략적으로 스케치한 이 그림에서는 라몬 이 카할이 초벌로 그린 연필 자국도 그대로 보인다.

E   e

d   c

F   D

f   C

b

A   a   B

g

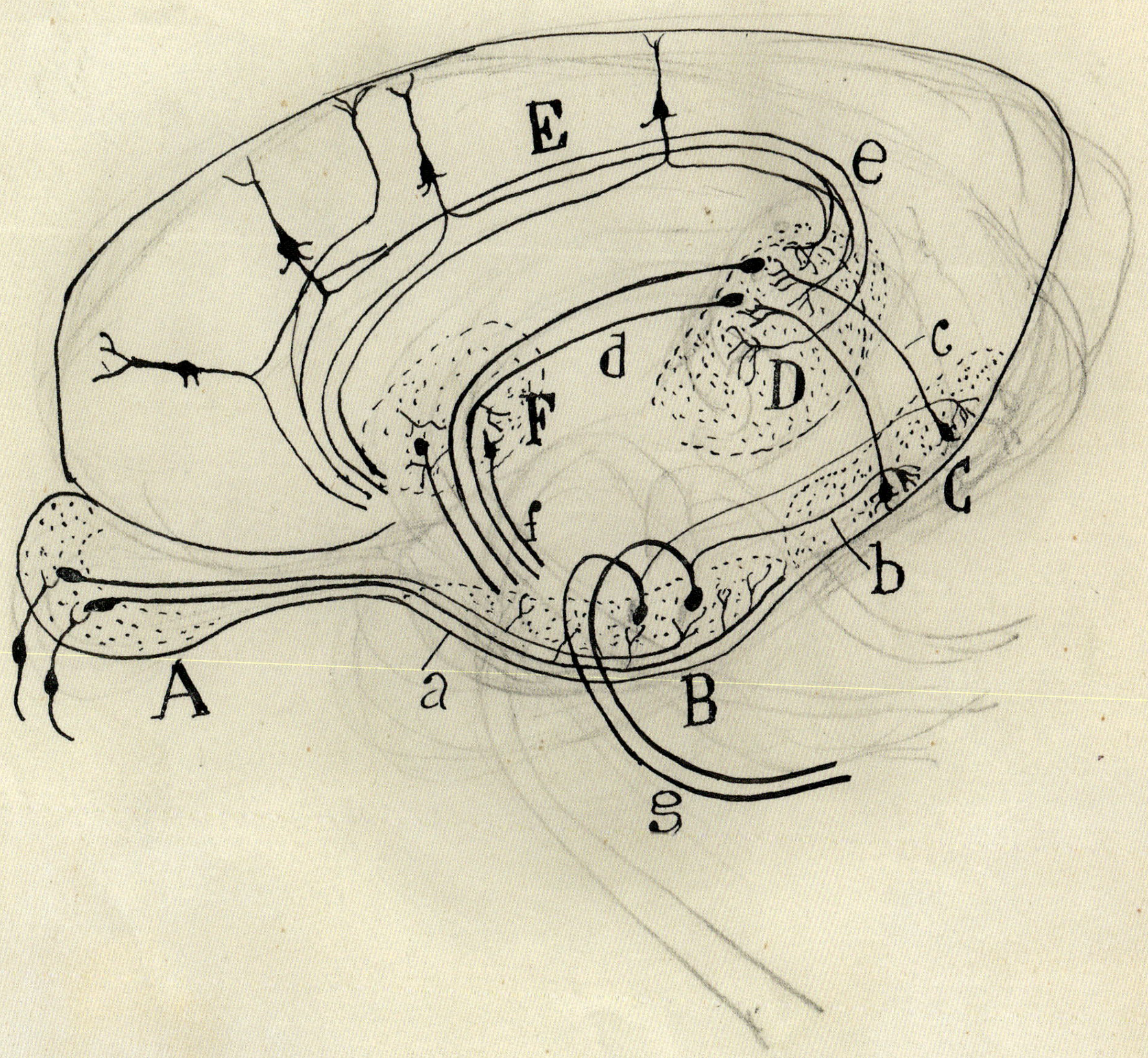

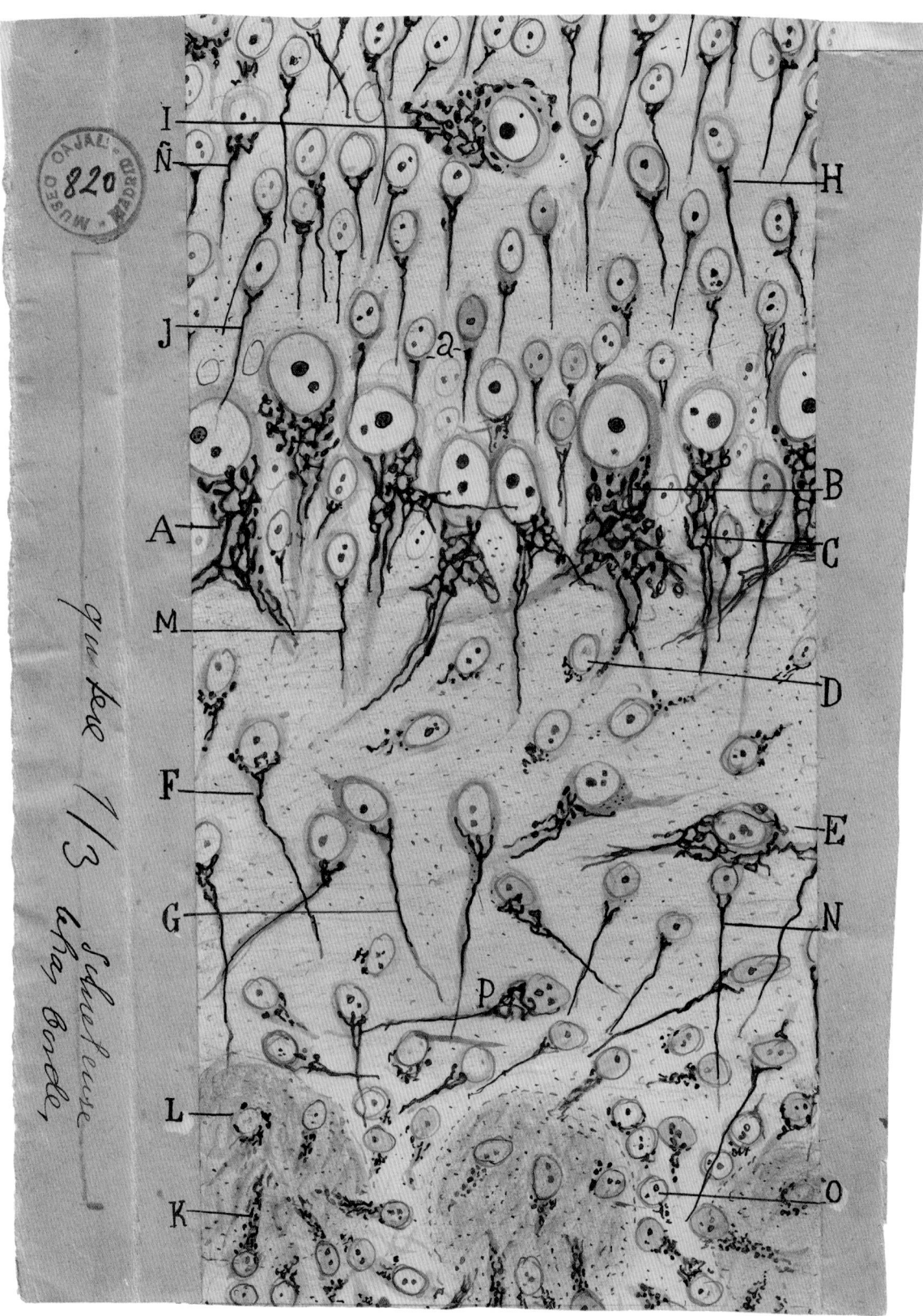

개의 후각망울

후각망울은 코에서 들어온 신호를 받는 뇌 구조물이다. 이 냄새 신호는 후각망울에서 곧바로 후각 피질로 이동해 냄새로 지각된다. 사람의 후각망울은 코 바로 위의 대뇌피질 아래쪽에 있다. 후각망울은 냄새의 종류에 따라 서로 다른 부분의 뉴런을 자극하도록 체계적으로 구성되어 있다. 라몬 이 카할은 이 그림에서 후각망울에 있는 여러 유형의 뉴런들을 보여준다.

기니피그의 시상

시상은 대뇌피질과 중간뇌 사이에 있는 커다란 조직이다. 라몬 이 카할이 글에서 묘사했듯이 시상은 중계소 같은 역할을 한다. 감각기관이 보내는 신호를 입력받아 그 정보들을 대뇌피질의 여러 영역으로 보내는 것이다. 이 그림에서 그는 다양한 유형의 감각 정보를 처리하는 시상의 구조물들을 표시했다. 예를 들어 눈에서 온 정보는 시각로축삭돌기^{optic tract axon}(A)를 통해 시상으로 들어간 다음, 시상에서 시각을 전담하는 영역인 가쪽무릎핵^{lateral geniculate nucleus}(B, C)으로 간다. F로 표시한 부분은 청각을 담당하는 안쪽무릎핵^{medial geniculate nucleus}이다(120~121쪽 참고).

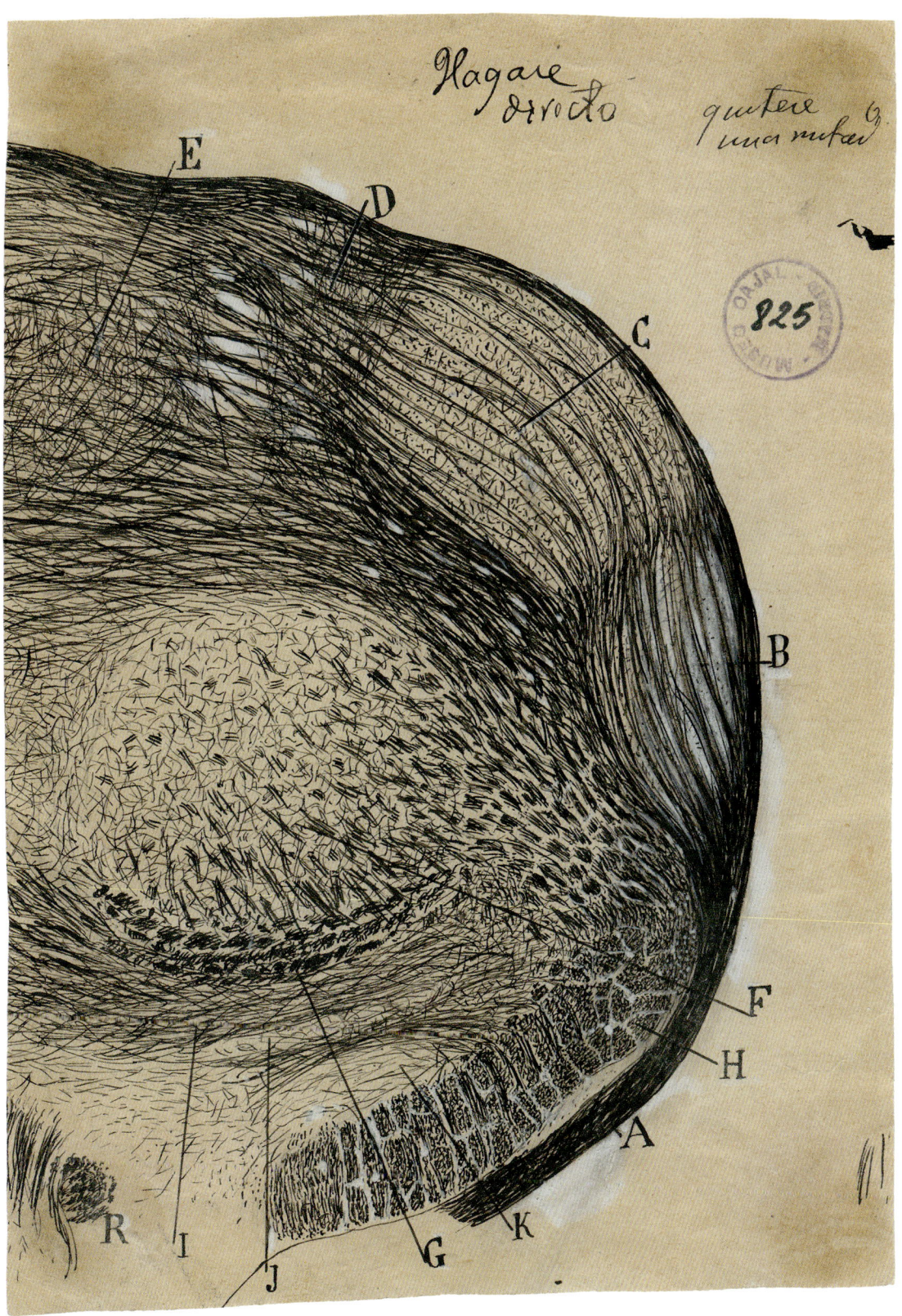

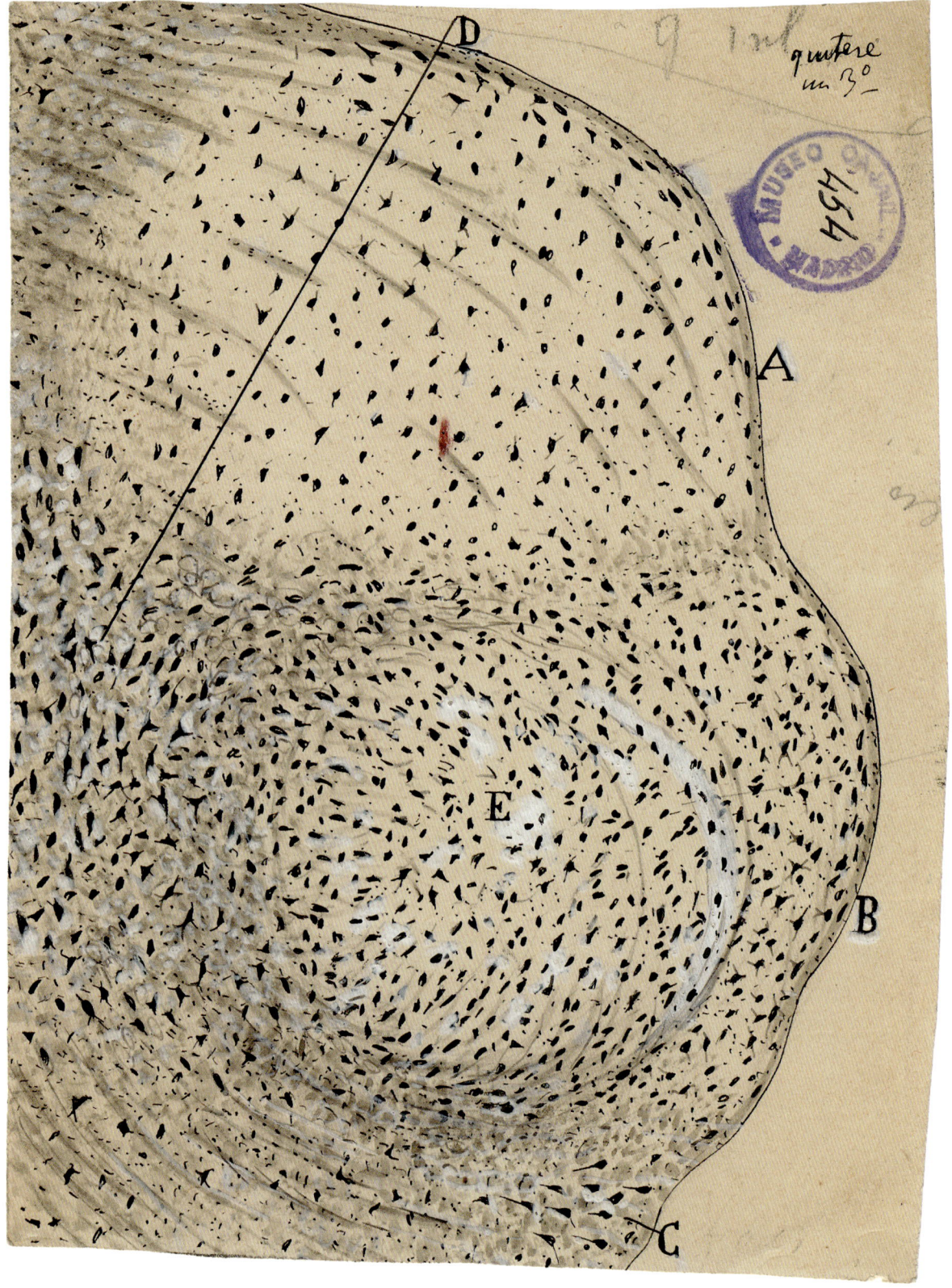

고양이 시상의 안쪽무릎핵

안쪽무릎핵은 시상에서 청각을 처리하는 영역으로, 중간뇌의 청각 구조물들로부터 입력받은 정보를 대뇌피질로 보낸다. 안쪽무릎핵에 있는 뉴런들은 시상에 있는 다른 영역과 마찬가지로 사람이 깨어 있을 때 신체의 감각기관이 보내는 정보를 충실히 전달한다. 그런데 라몬 이 카할은 몰랐지만, 잠을 자는 동안에는 감각 정보가 대뇌피질에 도달하지 않도록 이 중계 기능이 중단된다. 이 그림에서 그는 안쪽무릎핵에 있는 뉴런의 밀도가 부위에 따라 다르다는 것을 보여준다.

뒤뿌리신경절

피부와 근육, 기타 기관들이 보낸 감각 정보는 척수 바로 바깥에 있는 뒤뿌리신경절 dorsal root ganglia을 통해 척수로 들어간다. 그런데 이 뒤뿌리신경절은 뉴런의 전형에서 벗어나 있다. 전형적인 뉴런은 세포체를 중심으로 한쪽으로는 여러 가지를 뻗은 가지돌기가 있고 반대쪽에 축삭돌기가 있다. 이와 달리 뒤뿌리신경절의 뉴런에는 두 개의 돌기가 있는데 하나는 바깥으로 뻗어 말초 기관으로 가고, 다른 하나는 안쪽으로 뻗어 척수로 간다. 라몬 이 카할은 말초 기관으로 가는 돌기들이 감각 정보를 입력받고 세포체로 전기신호를 전달한다는 점에서 이들을 가지돌기로 분류했다. 척수로 가는 돌기는 세포체로부터 세포 바깥쪽으로 신호를 전달하므로 전형적인 축삭돌기라 할 수 있다. 이 그림에서 그는 동물에 따라 이 특별한 뉴런의 형태가 어떻게 다른지 보여준다. 어류의 뒤뿌리신경절을 그린 A 그림을 보면 각 뉴런 세포체의 양쪽 끝에서 돌기가 각각 하나씩 뻗어나간다.• 이와 달리 포유류의 뒤뿌리신경절을 그린 B에서는 돌기들이 말초 기관부터 척수까지 이동하는 하나의 연속적 구조물로 융합되어 있다.•• 이렇게 하나로 융합된 가지돌기-축삭돌기는 짧은 신경돌기로 세포체와 이어져 있다. 라몬 이 카할은 이런 구조 덕분에 포유류의 감각 신호가 더 짧고 직선적인 경로를 거쳐 척수로 전해진다고 짚었다.

• 이를 양극뉴런(bipolar neuron)이라 한다.

•• 이를 위단극뉴런(pseudounipolar neuron)이라 한다. 단극뉴런이 아니면서 단극뉴런인 척하는 뉴런이라는 뜻이다. 단극뉴런(unipolar neuron)은 세포체에서 신경돌기가 하나만 뻗어나가고 그것이 가지를 쳐서 가지돌기와 축삭돌기로 나뉘는데, 무척추동물 뉴런은 대부분 단극뉴런이다(척추동물의 뉴런은 가지돌기 여럿과 축삭돌기 하나가 있는 다극성뉴런이 대부분이며, 뒤뿌리신경절 같은 감각신경절에는 위단극뉴런이 있고, 망막과 후각신경에는 양극뉴런이 있다) 위단극뉴런은 마치 단극뉴런처럼 신경돌기가 하나만 뻗어 있는 듯 보이지만 실제로는 가지돌기와 축삭돌기로 나뉘어 양쪽으로 뻗어 있다. 발생 단계에서는 양극뉴런처럼 발달하다가 두 돌기가 하나로 융합되면서 이런 모양이 된다.

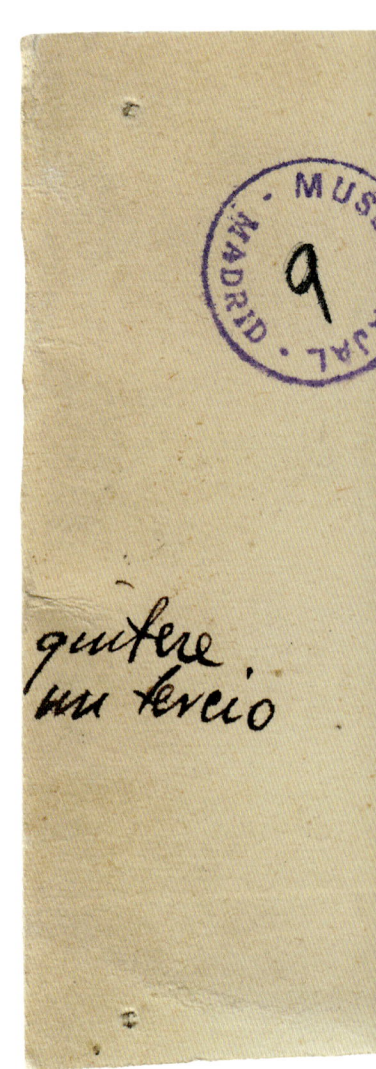

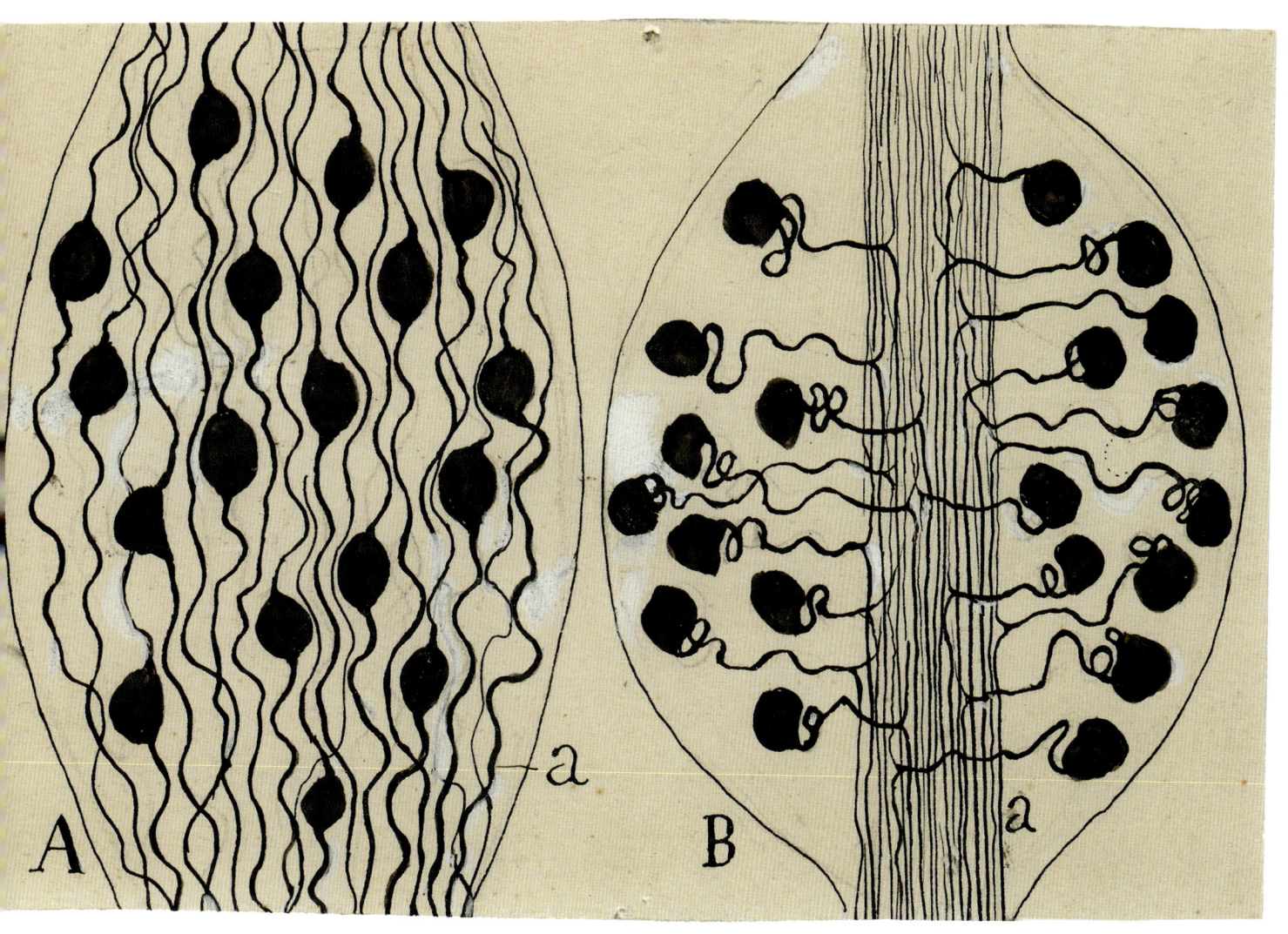

A   a   B   a

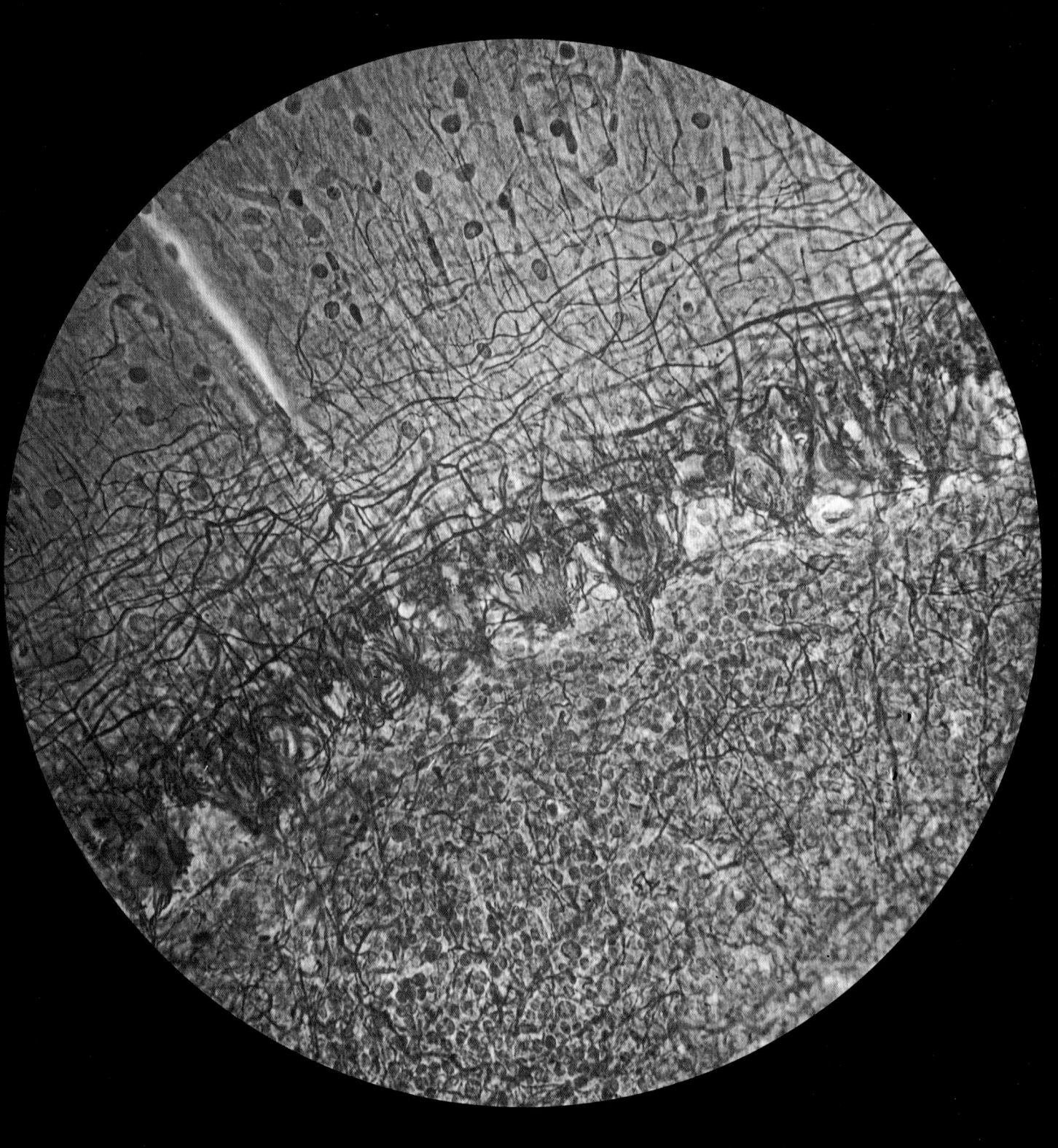

은환원 염색법으로 염색한 고양이 소뇌,
라몬 이 카할이 촬영한 현미경사진.

뉴런 경로

뇌에 관한 지식에 라몬 이 카할이 한 가장 중요한 기여는 뉴런 내부와 뉴런 회로에서 정보가 흐르는 방향을 밝힌 것이다. 그는 뉴런에서 정보가 흐르는 방향을 화살표로 나타낸 그림을 많이 그렸다(예컨대 98쪽 그림). 뇌 국부의 뉴런 회로뿐 아니라 뇌와 척수를 아우르는 광범위한 영역에서도 정보가 흐르는 경로를 표시했다. 이번 장에는 이런 그림들을 모아 실었다.

라몬 이 카할은 뇌세포에서 일어나는 전기 활동을 측정할 수 없었다. 그런 상황에서도 그는 망막과 소뇌, 후각망울의 세포 배열을 분석한 내용을 바탕으로 1891년에 역동적 분극화 이론을 제안했다. "신경 임펄스는 언제나 가지돌기에서 생겨나 세포체로 보내지고 다시 축삭돌기로 전달된다. 그러므로 모든 뉴런에는 신호를 받는 기관으로 세포체와 가지돌기가 있고, 신호를 내보내는 기관으로 축삭돌기가 있으며, 신호를 분배하는 기관으로 신경 말단의 가지 모양 배열부[축삭돌기 끝에서 다른 뉴런들과 연접하는 가지들]가 있다."[33]

라몬 이 카할의 뉴런주의와 역동적 분극화 이론이 없었다면 지금 우리가 아는 뇌의 작동 방식에 관한 현대적 개념 또한 없었을 것이다. 특정 기능을 담당하는 신경 경로와 뇌 조직이 존재한다는 사실은, 하나로 이어진 세포 신경돌기들의 네트워크를 통해 정보가 흐른다고 주장하는 망상 이론과 양립할 수 없다. 하지만 라몬 이 카할이 관찰해 알아냈듯이, 뉴런이 다른 뉴런들과 특유의 방식으로 연접하며 정보가 이 신경 경로를 통해 일정한 방향으로 흐른다는 점을 알면 특정 기능을 매개하는 특화된 뇌 경로를 쉽게 이해할 수 있다.

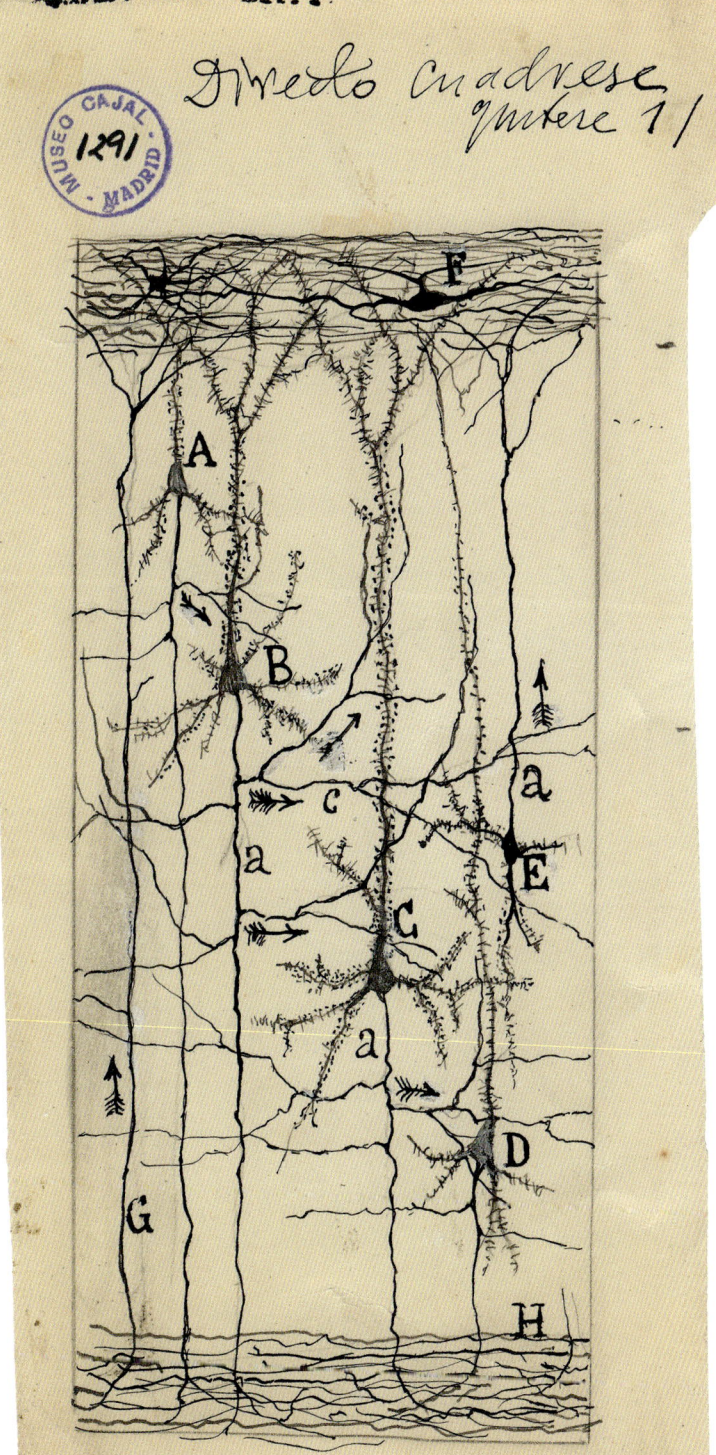

대뇌피질의 뉴런

1932년 노벨상을 수상한 영국의 저명한 신경과학자인 찰스 셰링턴 경은 라몬 이 카할에 관해 이렇게 썼다. "그는 뇌와 척수 전체에서 이동하는 신경 흐름의 방향이라는 엄청난 문제를 단박에 풀어냈다. 예를 들어 그는 각각의 신경 경로가 일방통행로이며, 그 방향은 언제나 뒤집히지 않고 일정하다는 것을 보여주었다."[34] 라몬 이 카할은 대뇌피질에 존재하는 여러 유형의 뉴런에서 정보가 흐르는 방향을 왼쪽 그림으로 표현했다. 그림에서 화살표는 정보가 흐르는 방향을 나타내는데, 이 정보에는 다른 뇌 영역에서 뻗어와 대뇌피질에 있는 뉴런들과 연접을 형성한 축삭돌기(G)의 신호도 포함된다.

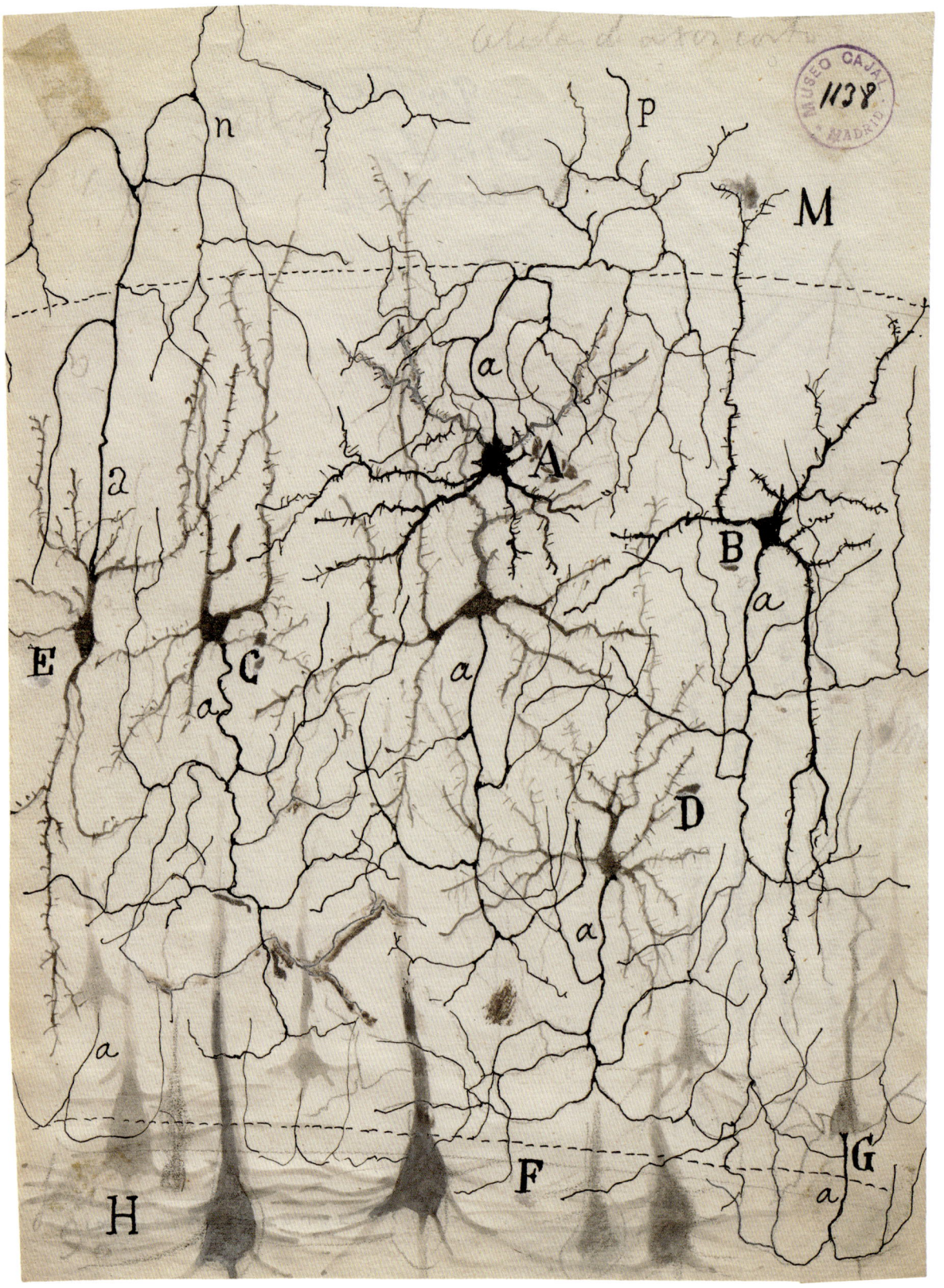

고양이의 시각 피질

눈으로 들어온 시각 정보는 제일 먼저 뇌의 깊숙한 곳에 있는 시상(119~120쪽)으로 이동하며, 시상은 이 신호를 대뇌피질의 시각 영역으로 중계한다. 라몬 이 카할은 시각 피질에 있는 별모양세포라는 특수한 유형의 뉴런을 그렸다(진한 색으로 그린 A, B, C, E). 별모양세포는 시상에서 직접 시각 정보를 입력받아 피질의 다른 뉴런들에게 신호를 전달한다. 우리가 사물을 시각적으로 지각하는 것은 바로 이러한 시각 정보처리의 결과다. 아래쪽에 연한 색으로 그린 것은 피라미드뉴런이다.

대뇌피질 가운데층의 뉴런

뇌의 아름다움에 매료된 라몬 이 카할의 감상은 자서전의 다음 구절에 잘 표현되어 있다. "화사한 색의 나비를 찾는 곤충학자처럼 나는 회색질[대뇌피질] 꽃밭에서 섬세하고 우아한 형태의 세포를, 그러니까 영혼의 신비로운 나비를 찾아 헤맨다. 누가 알겠는가? 이 나비들의 날갯짓이 언젠가 정신생활의 비밀을 명확히 밝혀줄지도 모른다."[35] 이 대뇌피질 그림에서 그런 나비 몇 마리의 모습을 볼 수 있다.

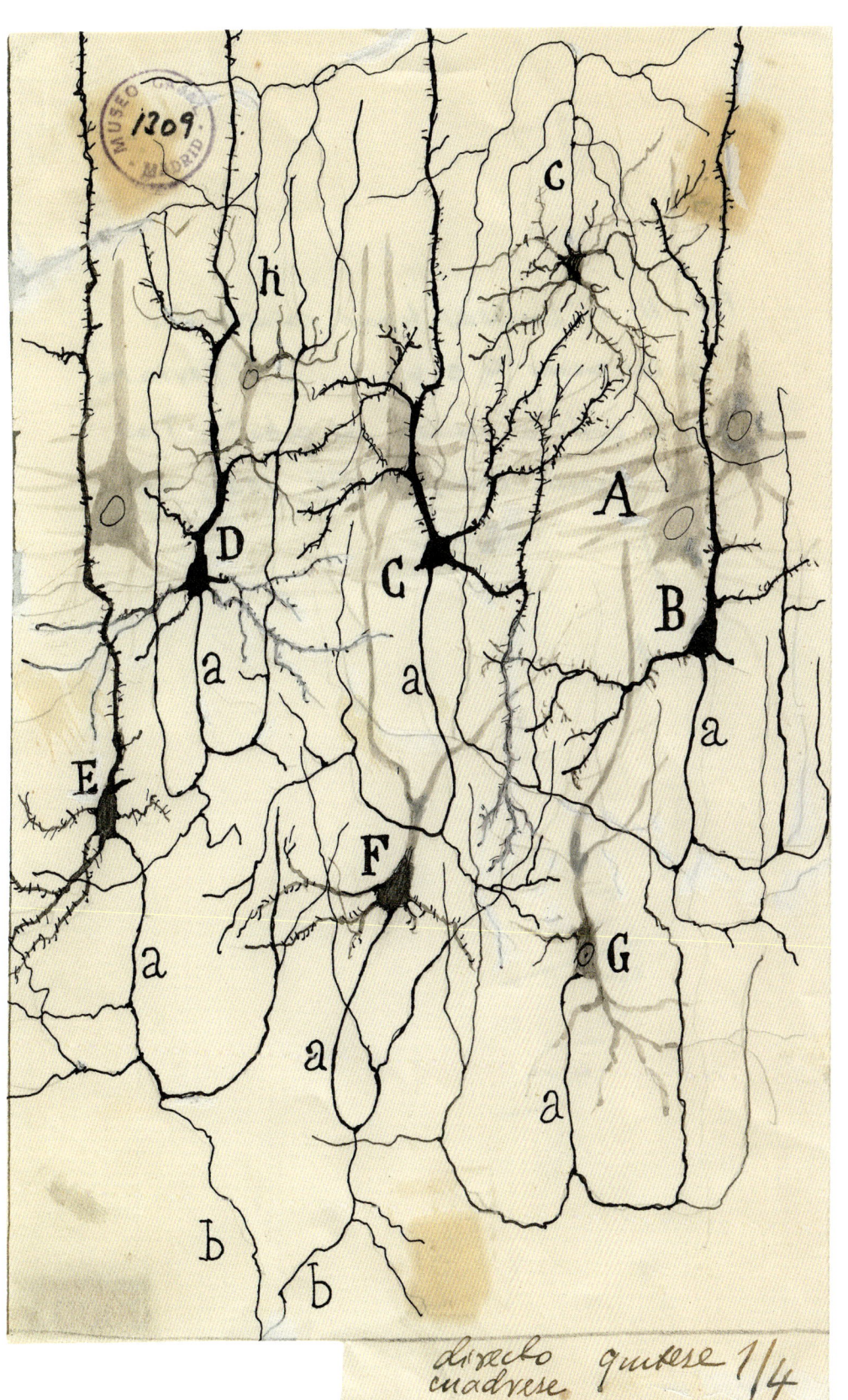

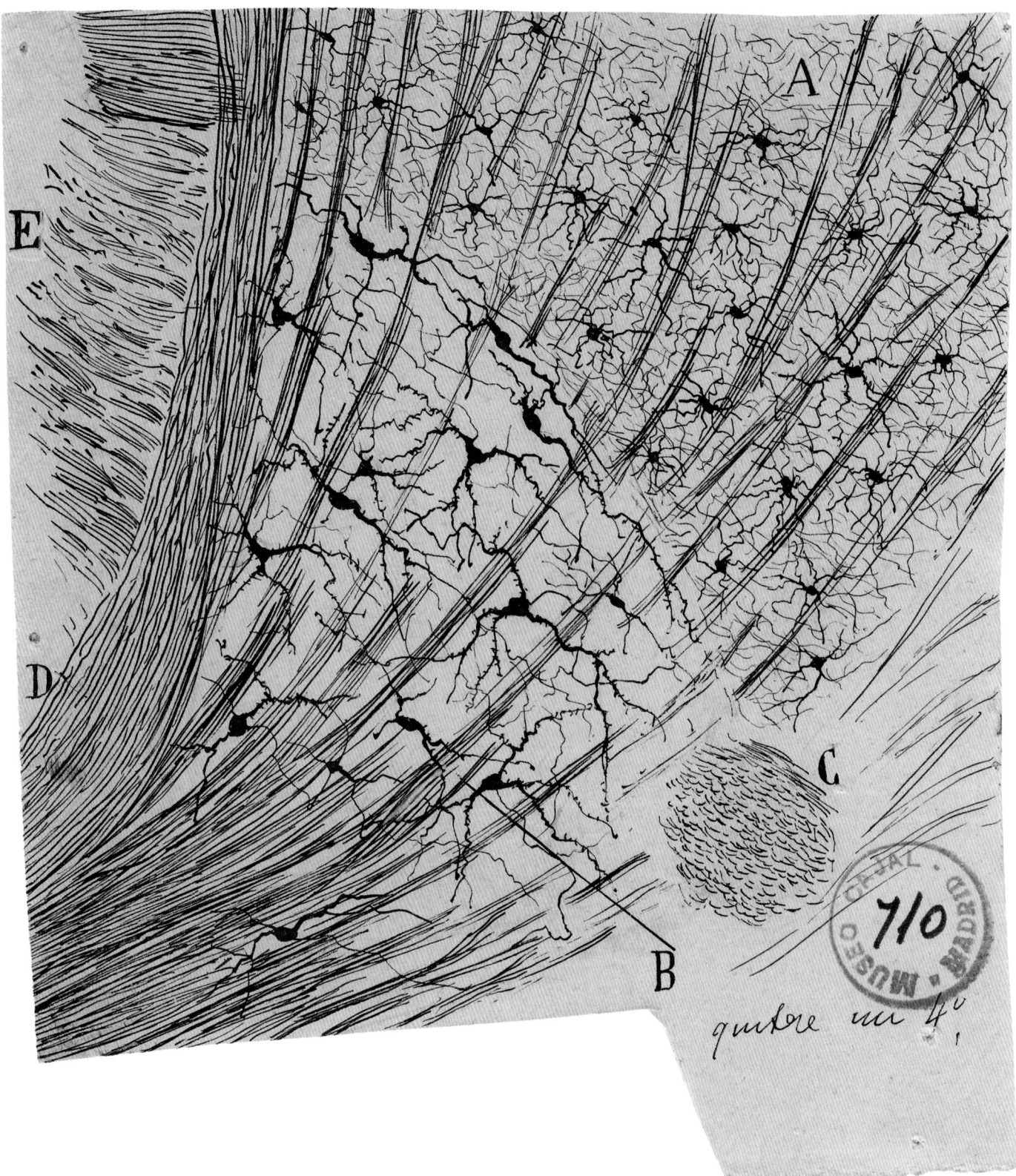

생후 20일 된 생쥐의 꼬리핵

꼬리핵caudate nucleus은 뇌의 깊숙한 곳에 자리한 바닥핵basal ganglia이라는 더 큰 구조물의 일부로, 우리 몸의 움직임을 통제하는 데 핵심적인 역할을 한다. 요컨대 대뇌피질로부터 신호를 받아 동작 협응을 돕는 것이다. 파괴적인 신경 퇴행 질환인 헌팅턴병Huntington's disease에 걸리면 꼬리핵의 뉴런 다수가 죽어버리고, 그 결과 협응이 무너지며 헌팅턴병 특유의 갑작스러운 경련적인 동작이 나타난다. 이 그림에서 라몬 이 카할은 꼬리핵에 있는 뉴런들(A)과 꼬리핵을 통과하며 다른 영역으로 정보를 전달하는 몇몇 신경 경로(축삭돌기 다발 C, D, E)를 묘사했다.

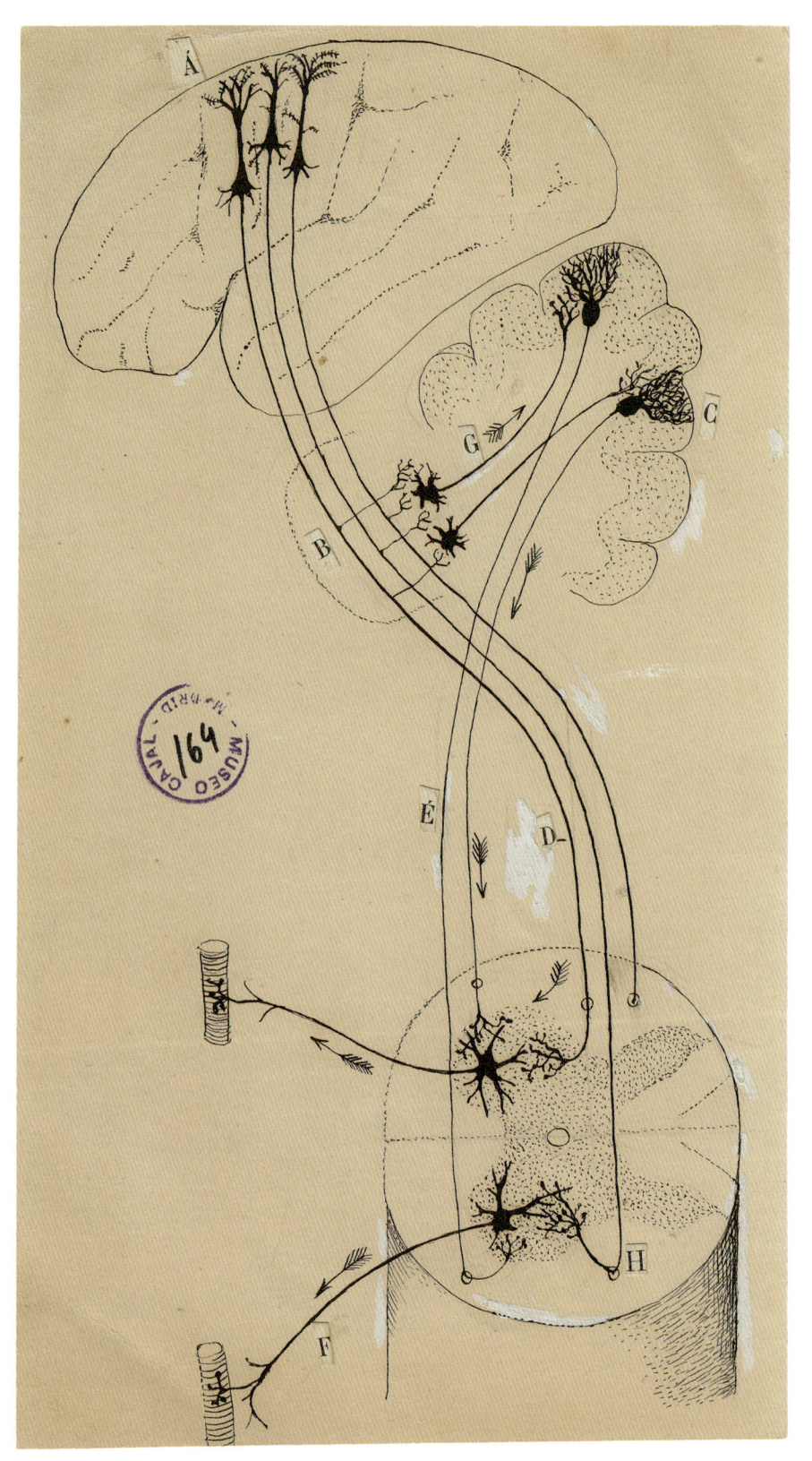

근육을 제어하는 두 신경 경로

라몬 이 카할은 뇌와 척수에 있는 두 가지 상보적 운동 신경 경로가 우리 몸의 근육을 제어한다는 이론을 이 그림으로 간략히 설명한다. 첫째 경로에서는 대뇌피질 운동 영역(A)에 있는 피라미드뉴런들이 척수(H)의 운동뉴런이라 불리는 큰 뉴런들로 직접 신호(D)를 보낸다. 그러면 이 운동뉴런들이 이어서 근육(왼쪽 아래에 있는 튜브 모양의 두 세포)으로 신호(F)를 보낸다. 둘째 경로에서는 소뇌(C)에 있는 푸르키네뉴런들도 간접적으로 운동뉴런에 영향을 미치는 신호(E)를 척수로 보낸다. 라몬 이 카할은 이 두 신경 경로가 상호작용하는 방식에 관한 글도 남겼는데, 예컨대 대뇌피질에서 보낸 신호가 G 경로를 통해 소뇌의 푸르키네뉴런에도 영향을 미칠 수 있다고 썼다.

척수 내 감각 신경 경로

이 그림에서 라몬 이 카할은 척수로 들어가는 감각 신호의 경로를 그렸다. 피부와 근육에서 온 감각 신호는 뒤뿌리신경절(DL과 C)의 뉴런을 통해 척수로 전달된다(123쪽 그림에서 뒤뿌리신경절 뉴런을 더 자세히 볼 수 있다). 척수로 들어온 신호는 축삭돌기(b, c)를 통해 뇌간에 있는 구조물(d, e, f)로 보내진다. 하반신에서 온 감각 신호는 흉추와 요추 뒤뿌리신경절(DL)을 통해 척수로 들어간 뒤 널판핵 gracile nucleus (d)에 도착하고, 상반신에서 온 감각 신호는 경추 뒤뿌리신경절(C)을 통해 척수로 들어가 쐐기핵 cuneate nucleus (e)에 도착한다(156쪽 그림에서 쐐기핵의 상세한 모습을 볼 수 있다). 감각 신호는 척수 내에서 뒤뿌리신경절의 축삭돌기(a) 가지를 통해서도 이동할 수 있으며, 이 신호들은 운동 반사를 일으키는 일에 관여한다.

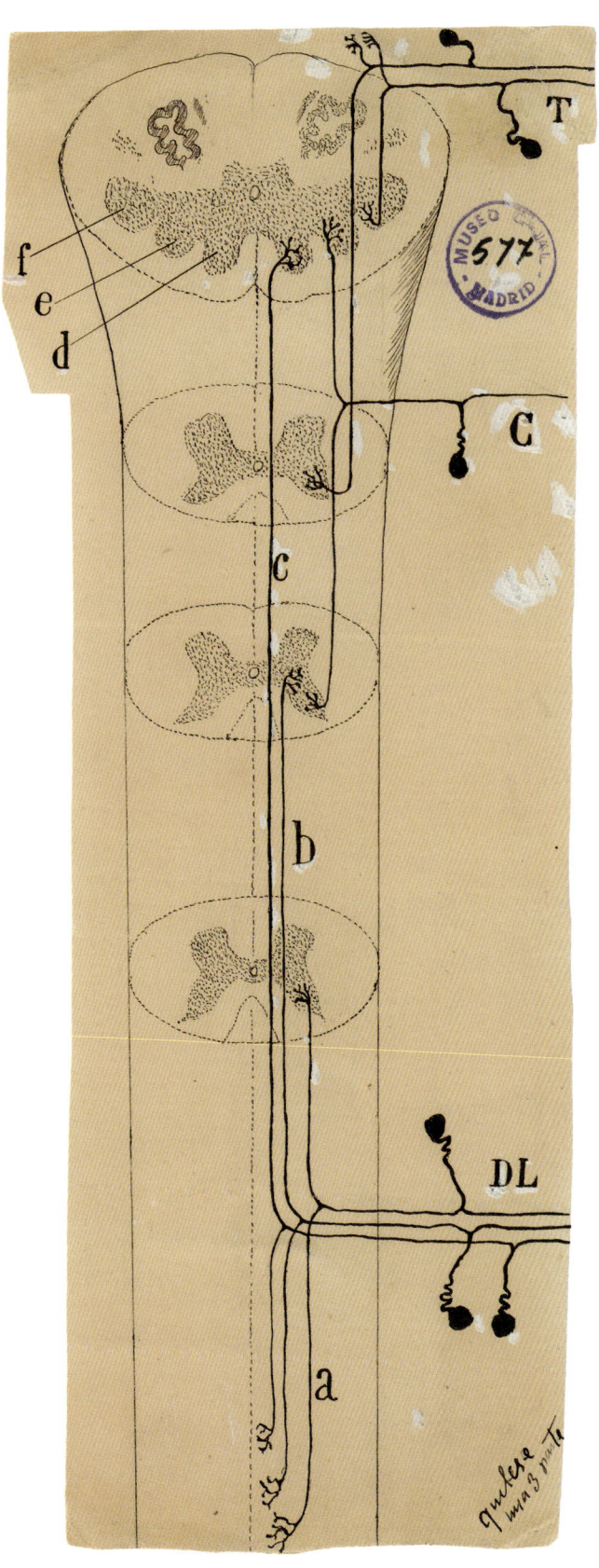

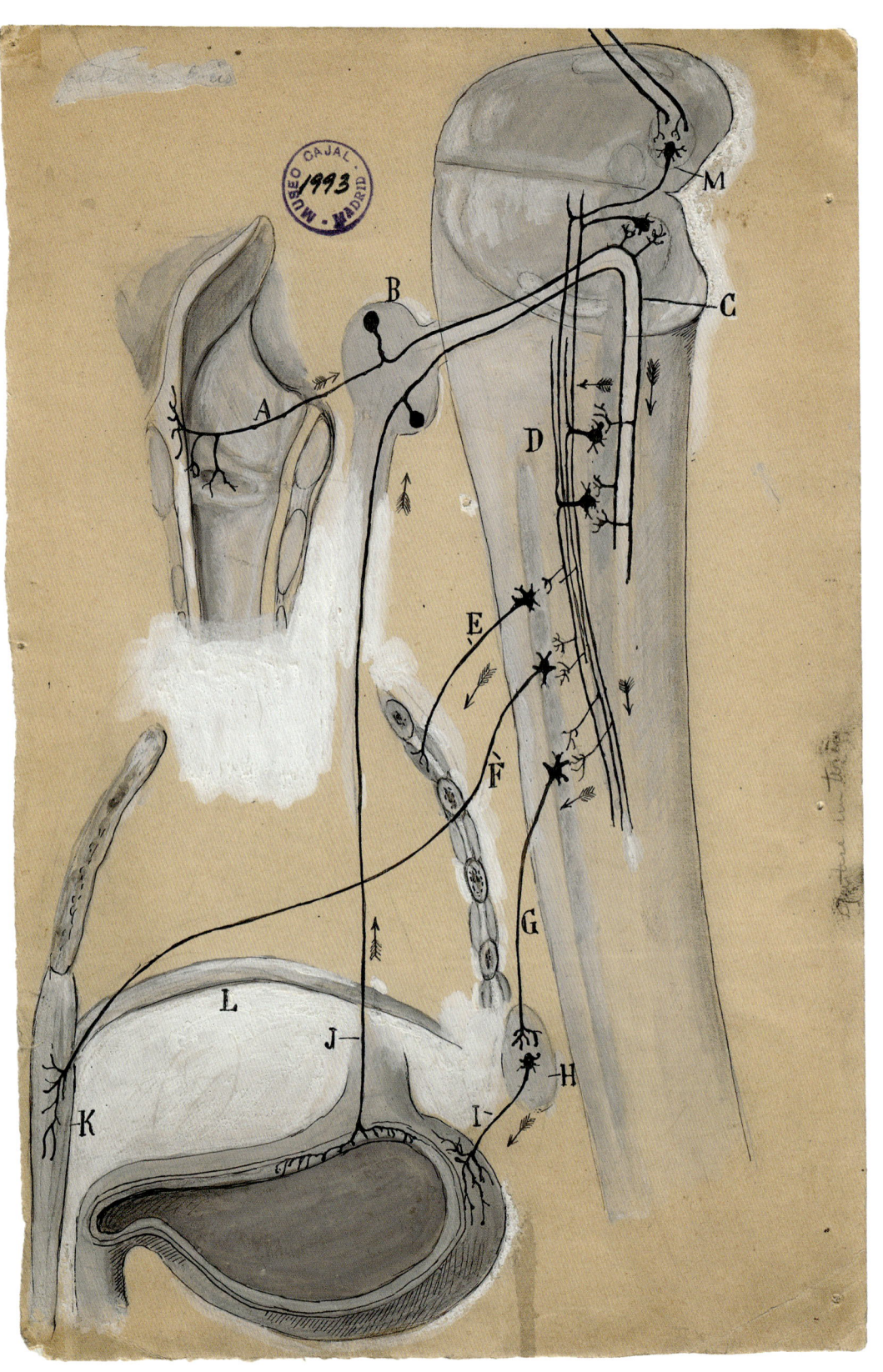

구토 반사와 기침 반사를 담당하는 신경 경로

라몬 이 카할은 뇌의 구조만 기록한 것이 아니라, 인간의 다양한 행동을 통제하는 뇌 경로도 개략적으로 제시했다. 이 그림은 구토 및 기침 반사를 담당하는 신경 경로를 나타낸다. 목구멍의 후두(A)가 자극을 받으면, 그 신호는 미주신경 *vagus nerve* (B)을 통해 뇌간(M)과 척수(D)로 보내진다. 척수에 도착한 이 신호들은 흉부와 복부(K) 근육의 수축을 담당하는 뉴런을 자극하고 그 결과 우리는 기침을 하게 된다. 위 내벽(그림 맨 아래)이 자극을 받으면 신호는 미주신경의 또 다른 가지(J)를 통해 척수로 전달된다. 이 신호가 위를 수축시키는 신경 경로(G, H, I)를 흥분시켜 구토하게 되는 것이다. 최신 연구에 따르면 혈액에 들어온 해로운 화학물질이 뇌의 뉴런을 활성화할 때도 구토가 일어날 수 있다.

해마의 구조와 연결

진화론적 관점에서 해마는 대뇌피질의 원시적인 부분으로, 우리 뇌에서 기억을 통합하는 데 핵심적인 역할을 한다. 바다 생물인 해마와 무척 닮아서 이런 이름이 붙었다. 라몬 이 카할과 당시 사람들은 해마의 주요 부분이 이집트 신 아문의 숫양 뿔과 닮았다 하여 아문의 뿔^{Ammon's horn}이라고 불렀다. 해마의 구조는 대뇌피질의 다른 부분들에 비해 (여섯 층이 아닌 세 층으로 이루어져) 더 단순하지만, 신피질에서와 마찬가지로 해마에서도 가장 두드러진 뉴런은 피라미드뉴런이다. 피라미드뉴런은 해마 전반에 걸쳐 있다(c, h, g). 해마 내의 정보 흐름은 화살표로 표시되어 있다.

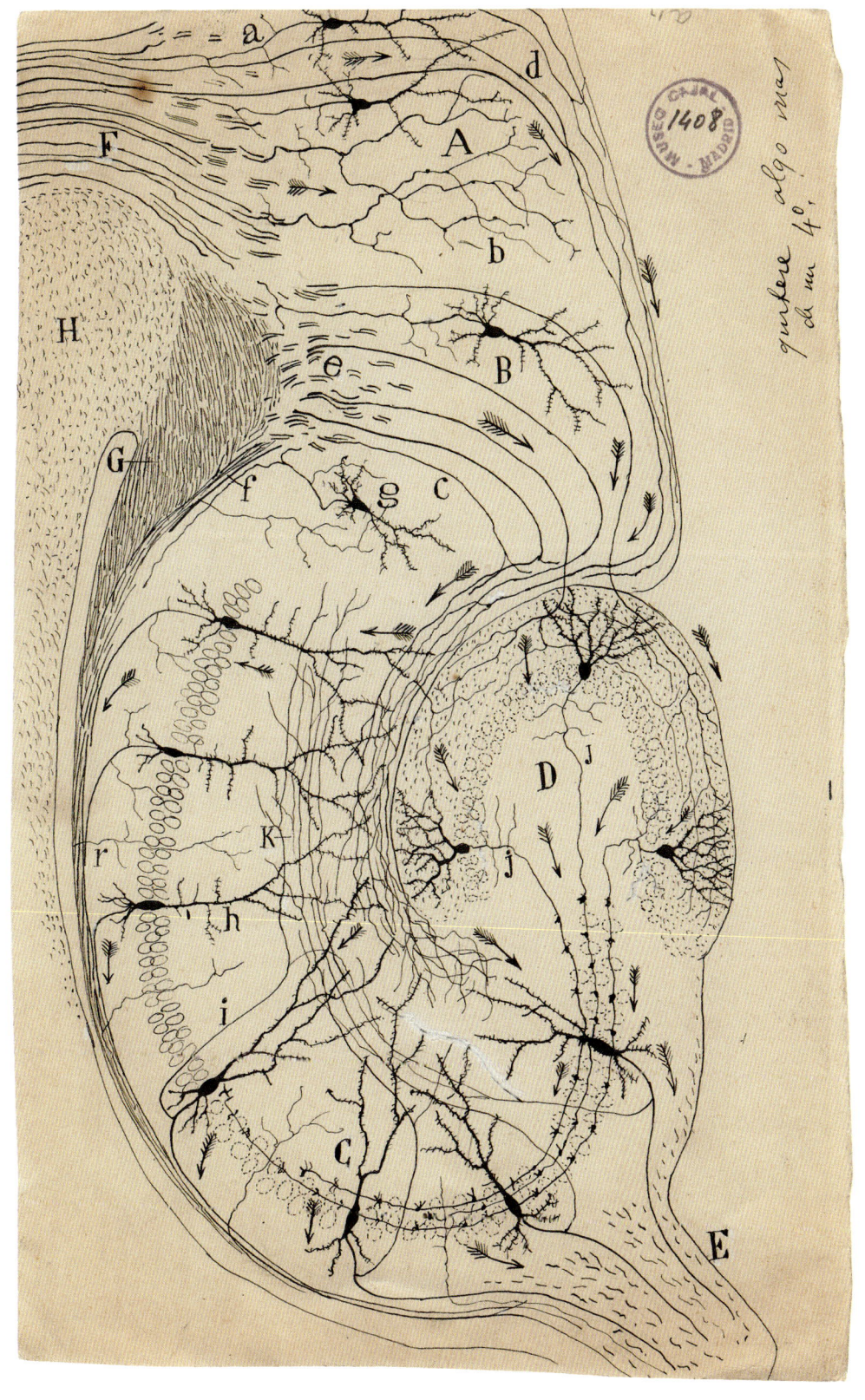

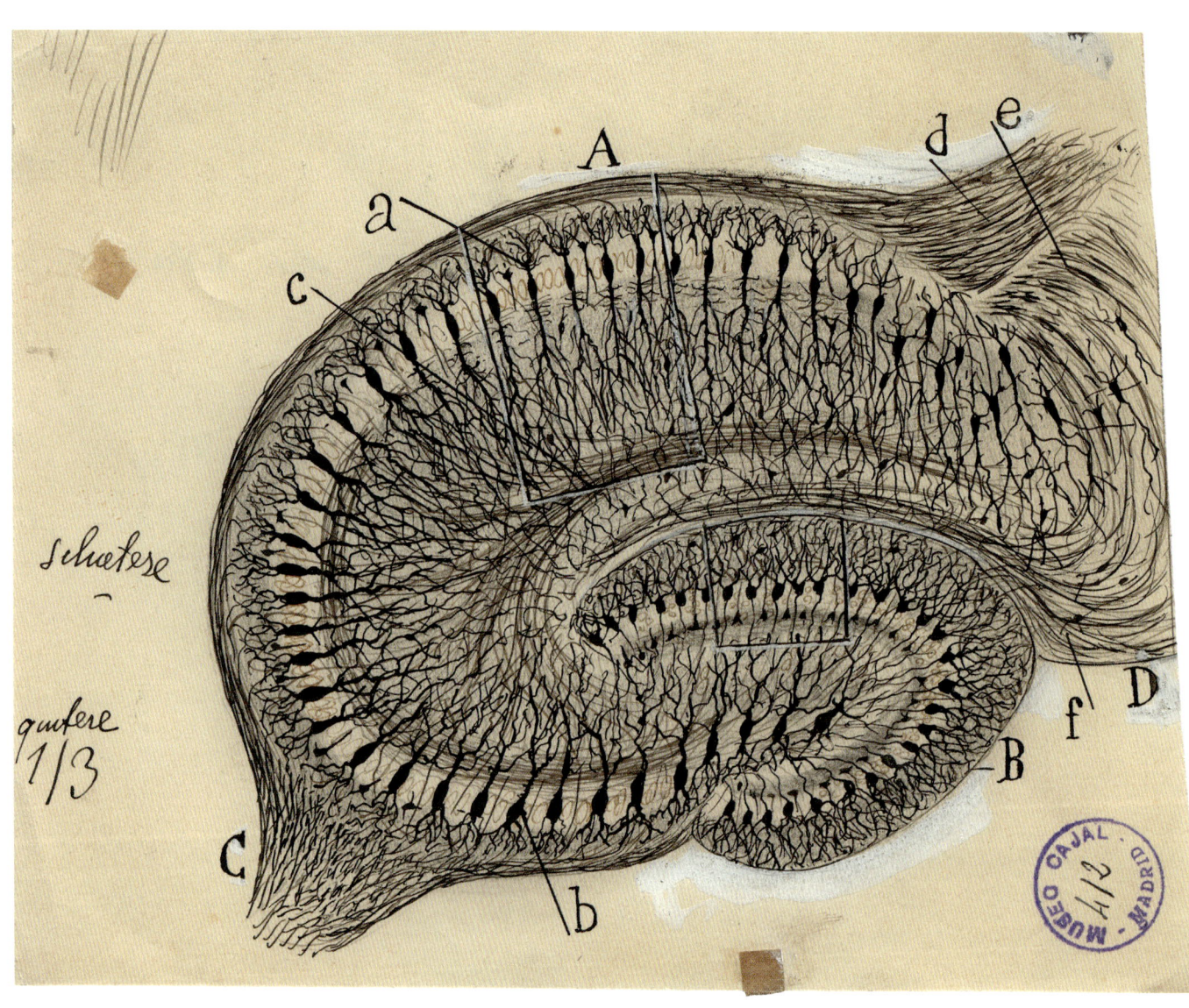

A

a

c

d

e

schatese

gufere
1/3

C

b

B

f

D

해마

라몬 이 카할은 이 그림으로 해마에서 피라미드뉴런이 하는 역할의 중요성을 강조한다. 피라미드뉴런은 짙은 색으로 표시된 세포들(a, b)인데, 세포체는 해마 바깥쪽에 자리하고 있고 가지돌기들은 해마 중심부로 뻗어 있다. 그는 자서전에서 해마의 피라미드뉴런을 시적으로 묘사했다. "피라미드세포들이 정원의 식물들처럼(비유하자면 히아신스처럼) 우아한 곡선을 만들며 줄지어 서서 울타리를 이루고 있다."[36]

해마 내부의 연결들

이 그림은 해마 안에 있는 여러 영역 사이의 연결을 나타낸다. 치아이랑dentate gyrus(A) 에서 온 축삭돌기들(B)은 아문의 뿔에 있는 피라미드뉴런들(C)과 연접하며 시냅스 를 형성한다. 기억에서 해마가 차지하는 중요성을 잘 알고 있었던 라몬 이 카할은 자 서전에서 해마는 "뇌에서 가장 오래된 연상 중추이며 후각 기억의 창고"라고 썼다.[37] 그는 몰랐지만 현대의 연구로 밝혀진 사실은 해마가 새로운 기억 형성에도 필수적이 라는 점이다. 뇌의 양쪽 반구에 있는 해마가 둘 다 파괴된 사람은 새로운 기억을 만 들 수 없다.

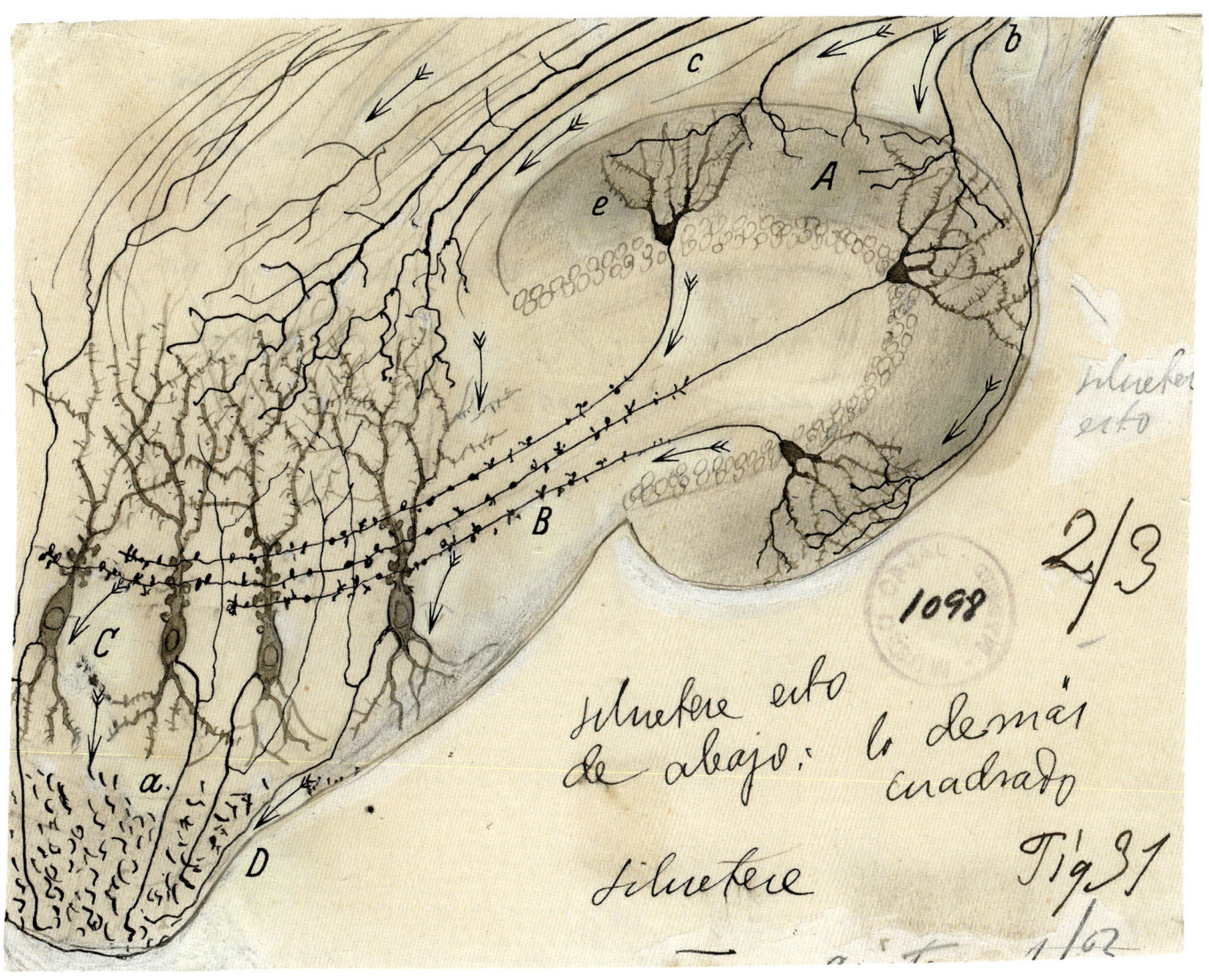

2/3

siluetere esto
de abajo: lo demás
cuadrado

siluetere

Fig 31

1/62

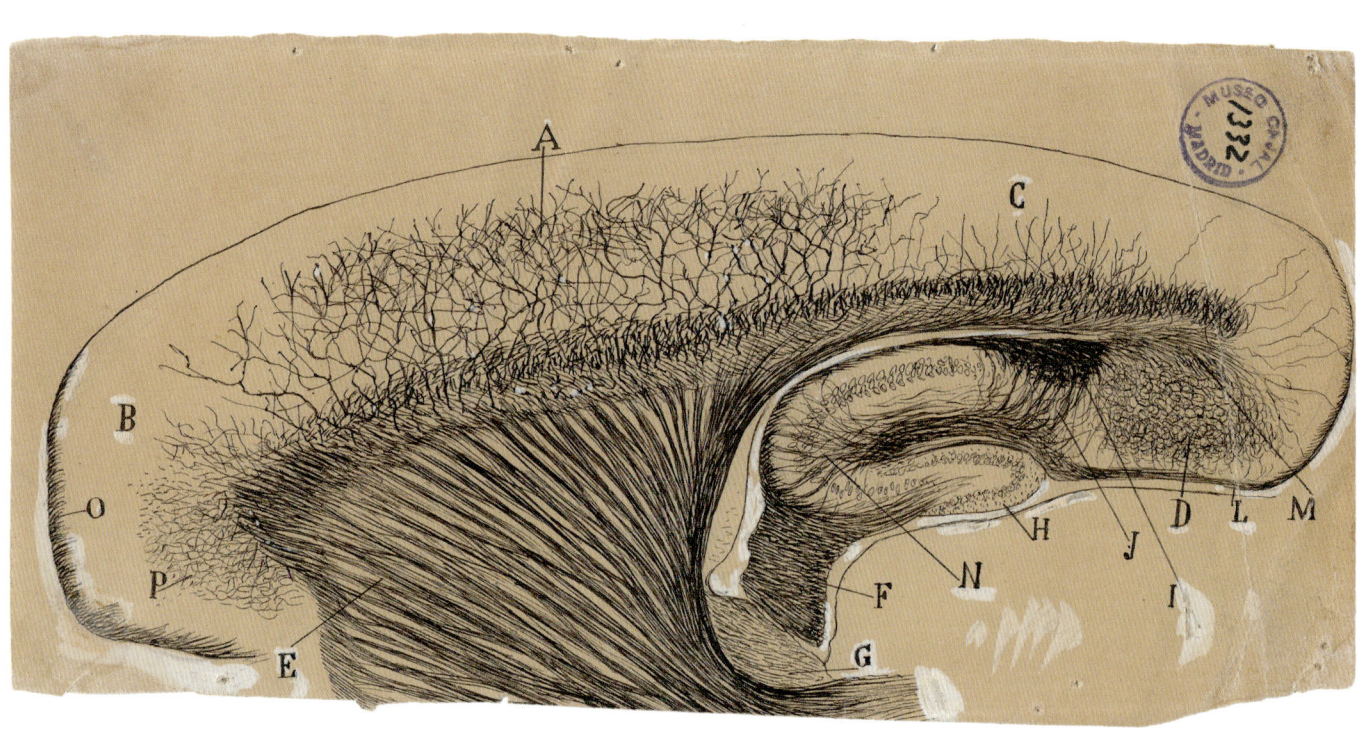

뇌 심층부에 자리한 조직들

라몬 이 카할은 속섬유막^{internal capsule}(E)처럼 뇌의 깊숙한 곳에 있는 몇 가지 구조물도 그렸다. 속섬유막에는 대뇌피질(B, C)과 뇌의 다른 영역을 이어주는 축삭돌기 다발이 포함되어 있다. A는 피질에서 보이는 축삭돌기 일부의 말단을 가리킨다. 또한 이 그림에는 해마에서 서로 맞물려 있는 두 부분인 치아이랑(H)과 아문의 뿔(N)도 담겨 있다. 치아이랑은 기억 형성에 기여하는 부분으로, 성인의 뇌에서 새 뉴런이 생겨나는 몇 안 되는 장소 중 하나다. 최근 연구들에 따르면 새로운 뉴런의 탄생은 치아이랑의 핵심적인 활동이며, 새 뉴런의 생성이 감소하는 것은 우울증과 관련이 있다고 한다.

사람 뇌에서 숨뇌와 다리뇌의 배 쪽 표면

이 그림은 라몬 이 카할이 기존에 그려온 그림의 전형에서 벗어나 있다. 뇌의 얇은 절편에서 드러나는 구조물과 개별 세포가 아니라 뇌 표면의 입체적 형태를 보여주기 때문이다. 이것은 사람을 앞쪽에서 바라볼 때 보이는 뇌간의 모습이다. 라몬 이 카할은 이 그림에서 머리와 목에 있는 영역들을 뇌와 연결하는 축삭돌기 다발인, 뇌신경 cranial nerves (II부터 XII까지)을 주로 강조한다. 예를 들어 시각로 optic tract (II)는 뇌와 눈을 연결한다. 시각로축삭돌기의 약 절반이 몸의 한쪽에서 반대쪽으로 교차되는 것이 눈에 띈다(91쪽 참고). 그밖의 뇌신경으로는 삼차신경 trigeminal nerve (V)과 미주신경(X) 등이 있다.

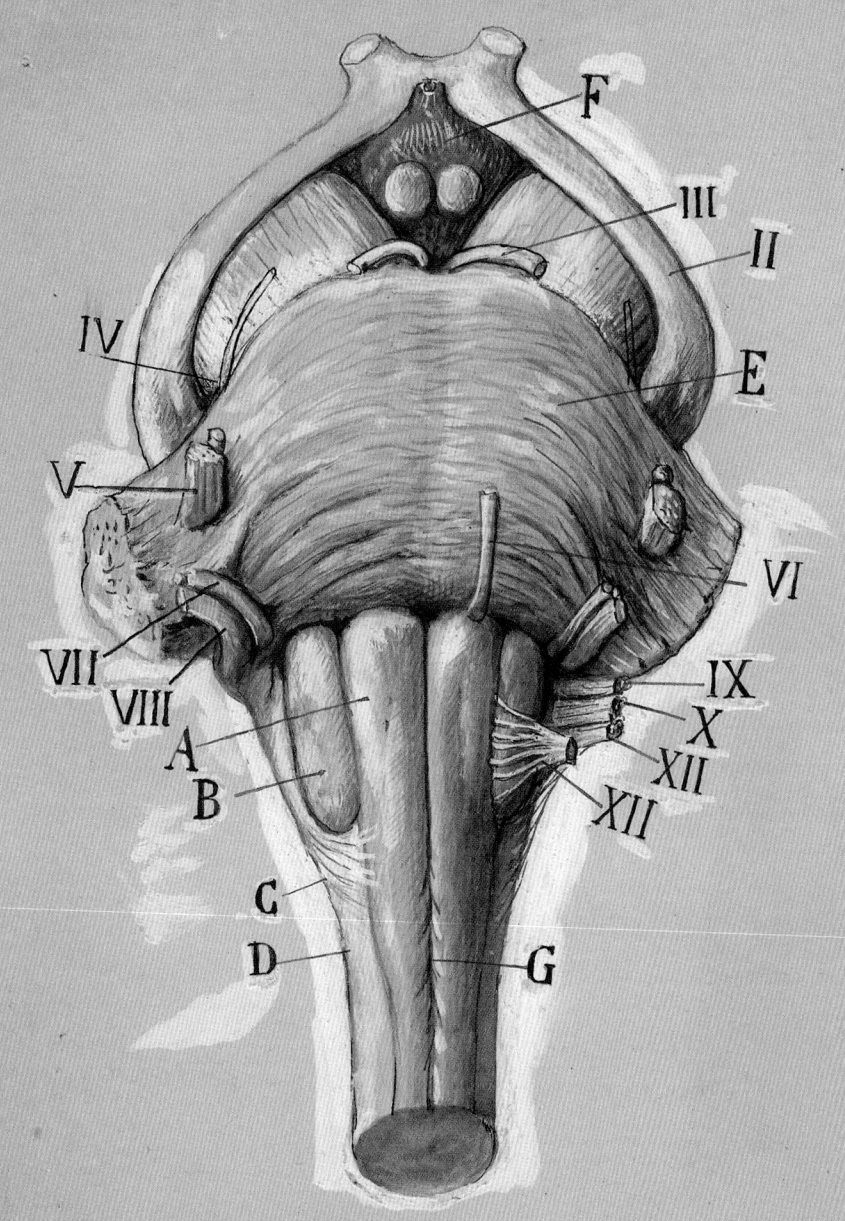

Fig 203

F

III

II

IV

E

V

VI

VII

VIII

IX

X

A

XII

B

XII

G

D

G

directo

q cerca de
un tercio.

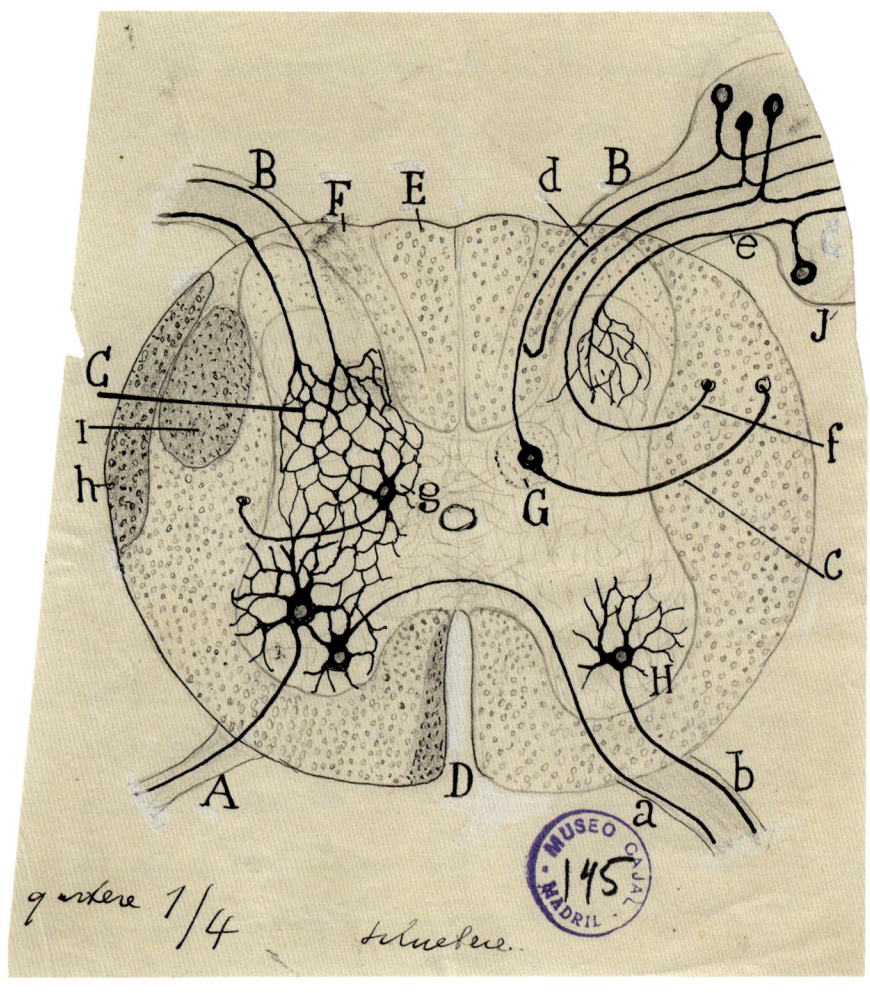

뇌 구조에 관한 상반된 두 가지 이론

라몬 이 카할은 척수를 그린 이 두 그림에서 뇌의 구조에 관한 상반된 두 가지 이론을 표현했다. 그의 경력 초기에는 망상 이론이 대세였다. 위의 그림으로 표현된 망상 이론은 뇌가 하나로 연결된 세포들의 그물망으로 이루어진다고 가정했다. 그림에서 뉴런의 세포체(g)는 세포 신경돌기들의 서로 이어진 그물망(C)을 통해 연결된다. 라몬 이 카할은 이 이론과 달리 뇌가 틈새들로 분리된 개별 뉴런들(151쪽 그림의 k, l, m, n, s, t, u)로 이루어져 있다는 사실을 관찰로 알아냈다. 이윽고 동료 학자들도 그의 뉴런주의에 설득되었는데, 뉴런주의가 옳다는 것은 1950년대에 이르러서야 확실히 입증되었다.

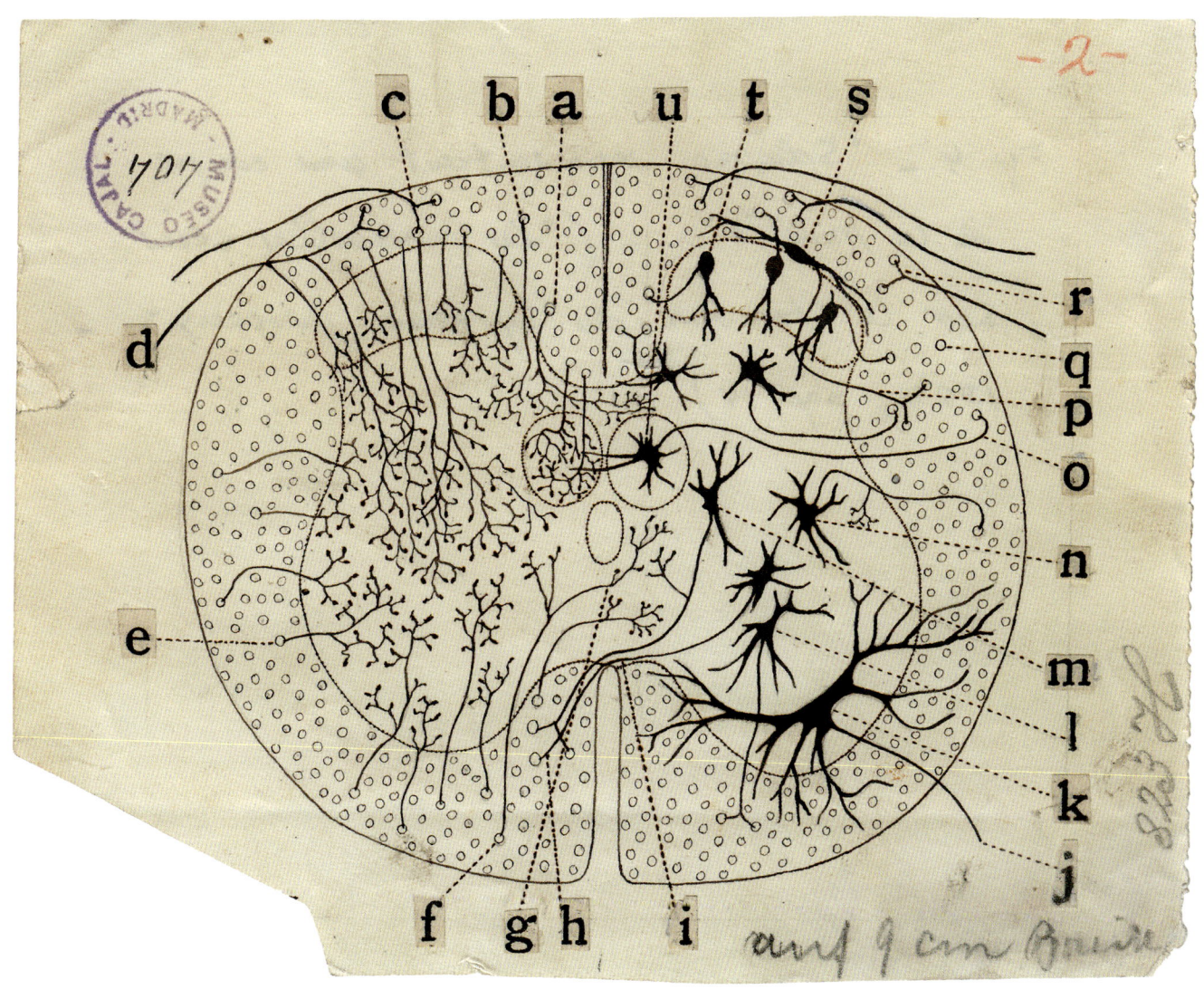

c b a u t s

d

r
q
p
o
n
m
l
k
j

e

f g h i

auf 9 cm Breite

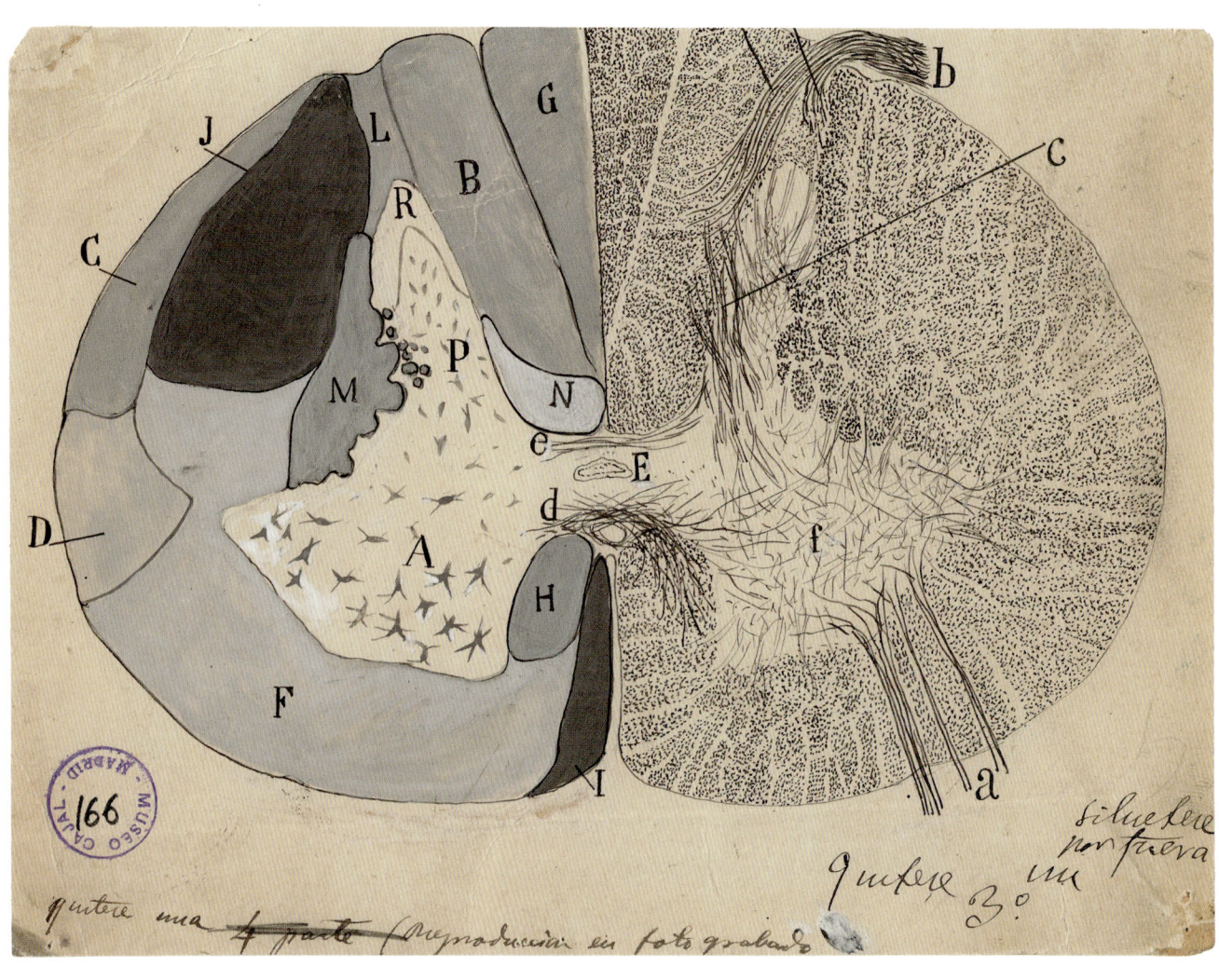

siluete
por fuera

quitese 3.º m

quitese una 4 parte (reproducción en fotograbado

척수의 축삭 신경로

뇌가 몸을 온전히 통제하려면 먼 거리까지 신호를 전달할 경로가 필요하다. 근육을 수축시키려면 뇌의 운동중추에서 보낸 신호가 근육에 전달되어야 한다. 또한 우리 몸이 하는 일을 뇌가 알려면 근육과 관절, 피부에서 보내는 신호가 뇌에 도달해야만 한다. 이런 신호의 상당 부분은 척수의 신경로를 이루는 축삭돌기 다발을 타고 이동하는데, 라몬 이 카할은 척수를 그린 이 그림의 왼쪽 부분에서 그 신경로를 도식으로 표현했다. 예를 들어 대뇌피질의 운동중추에서 보내는 신호는 가쪽피질척수로 lateral corticospinal tract (J)를 통해 척수를 타고 내려오며, 피부에서 접촉과 진동을 알리는 정보는 등쪽기둥경로 dorsal column tract (B, G)를 통해 뇌로 올라간다. 그림의 오른쪽에는 축삭돌기 다발의 실제 모습이 그려져 있다.

배아의 척수

척수에는 우리 몸과 뇌 사이에 정보를 전달하는 축삭돌기 다발로 구성된 신경로가 아주 많다. 라몬 이 카할은 이 그림에서 척수 가장자리에 모여 있는 점들로 그 수많은 신경로를 표현했는데, 상세한 모습은 152쪽 그림에서 볼 수 있다. 척수의 한 층 또는 한 분절 안에서도 뉴런은 서로 광범위하고 복잡하게 연결되어 있다. 이 그림에서는 그 한 층에 속한 축삭돌기들의 연결을 자세히 보여준다. 가장 두드러지게 표시된 것은 근육과 피부에서 온 감각 정보를 척수로 전달하는 뒤뿌리신경절(D, E)의 축삭돌기들이다. 척수의 양쪽에서 서로 반대 방향으로 정보를 전달하는 축삭돌기들의 연결(A, B)도 보인다. 바로 이 교차된 연결이 우리의 동작 협응을 도와준다. 예를 들어 우리가 허리를 옆으로 굽힐 때 한쪽 옆구리의 근육들이 수축하고 반대쪽 옆구리의 근육들은 이완하는 것도 이 교차 연결 덕분이다.

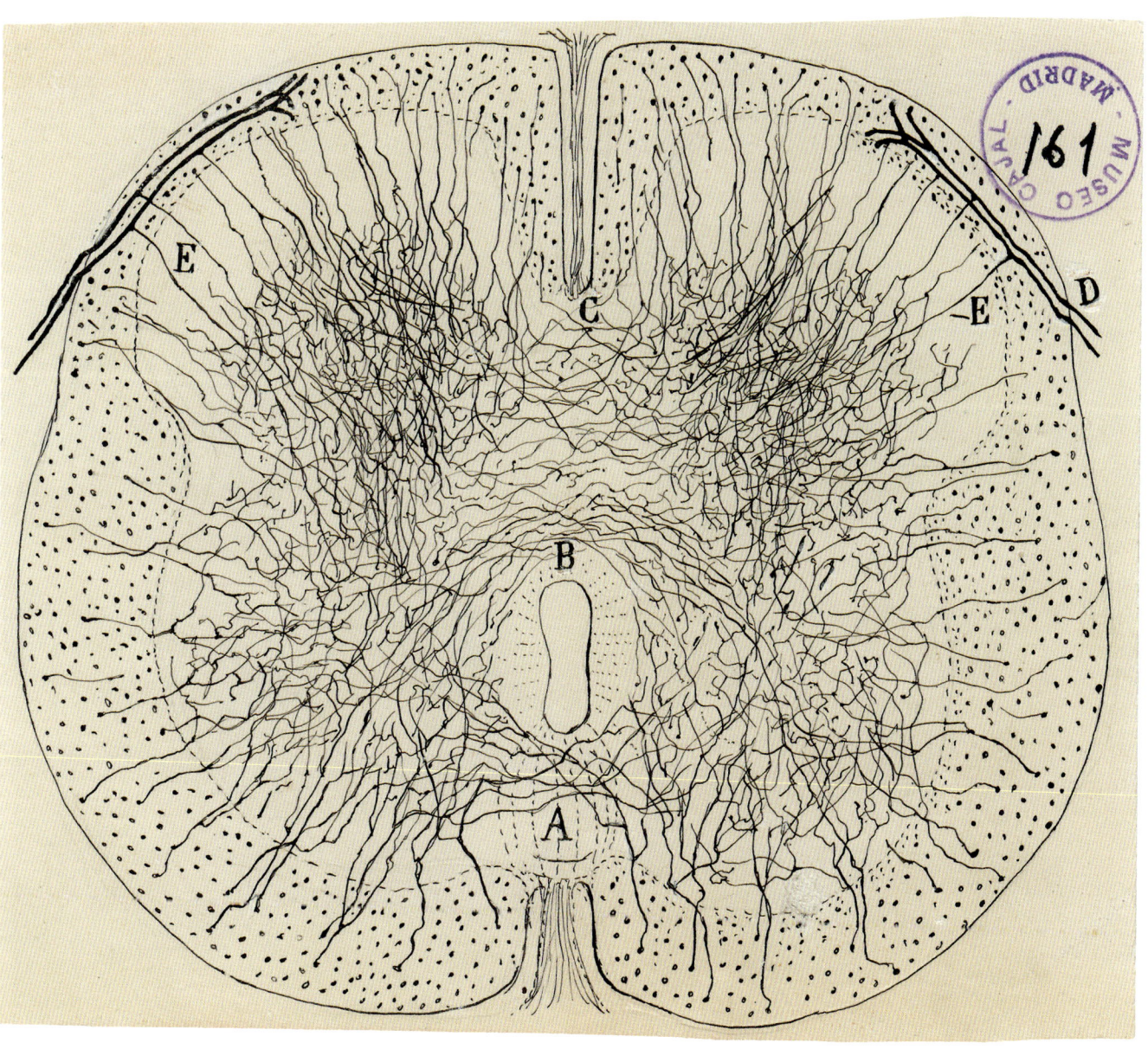

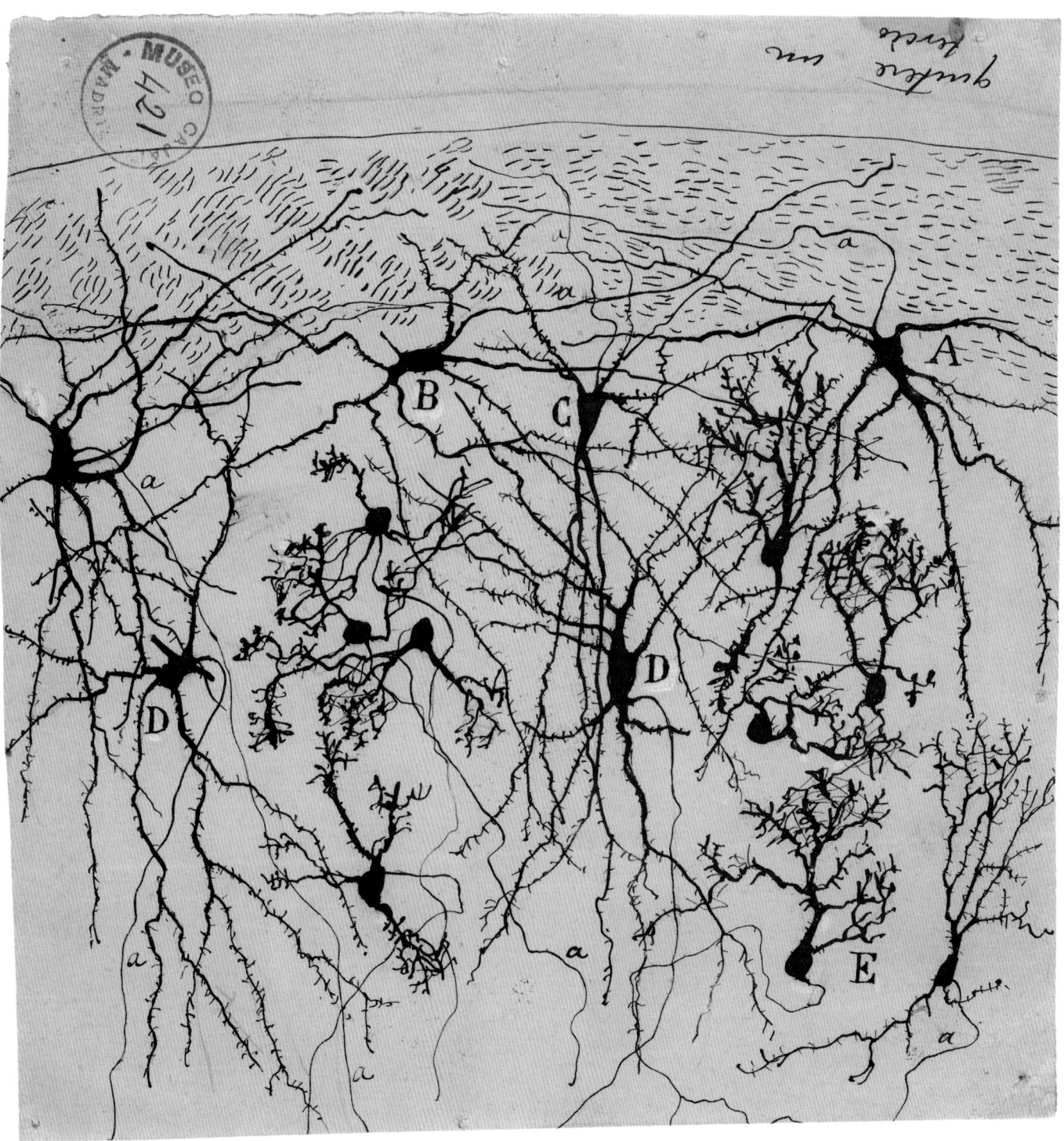

새끼 고양이의 쐐기핵

손과 팔의 피부와 근육에서 보내는 감각 신호는 척수를 통과한 다음, 척수 바로 위 뇌의 가장 아랫부분에 있는 쐐기 모양 구조물인 쐐기핵으로 들어간다(137쪽 참고). 그러면 쐐기핵이 이어서 이 감각 정보를 뇌의 더 높은 부분으로 올려 보낸다. 이 그림에서 라몬 이 카할은 쐐기핵 안에 있는 뉴런의 여러 유형을 보여준다. 다수의 뉴런에서 가시로 뒤덮인 가지돌기들을 볼 수 있는데, 이 가시들이 바로 다른 뉴런과 시냅스를 형성하여 신호를 전달받는 신경돌기다.

생후 16일 된 송어의 중간뇌 뉴런

중간뇌에는 눈과 머리의 움직임을 통제하는 몇 가지 뉴런 무리(신경핵)가 있다. 이 그림에서는 그 뉴런 무리 중 두 종류(A, B)를 볼 수 있다. B 세포 무리는 눈돌림신경 oculomotor nerve의 신경핵이다. 이 뉴런의 축삭돌기들(E)은 눈의 동작을 통제하는 3번 뇌신경인 눈돌림신경을 구성한다(뇌신경 그림은 149쪽에서 볼 수 있다). A라고 표시된 세포 무리는 라몬 이 카할을 기려 '카할 사이질핵 interstitial nucleus of Cajal'이라고 명명되었다. 근래의 연구 결과에 따르면 이 뉴런들은 우리 눈의 수직 운동을 통제하는 데 관여한다고 한다.

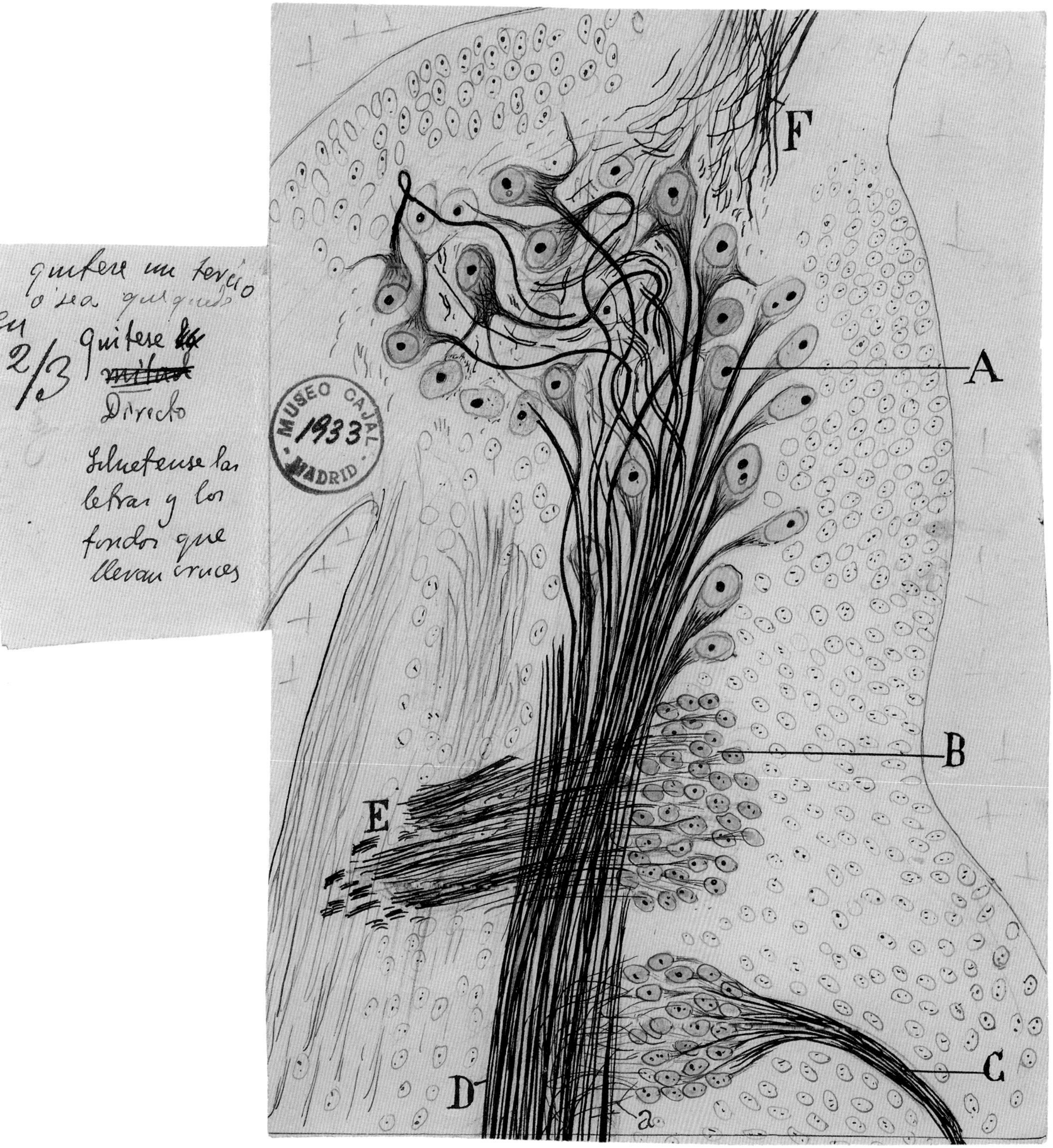
quítese un tercio ó sea que quede en
2/3 quítese la mitad
Directo
Siluétense las letras y los fondos que llevan cruces
MUSEO CAJAL 1933 MADRID
F
A
B
E
C
D
a

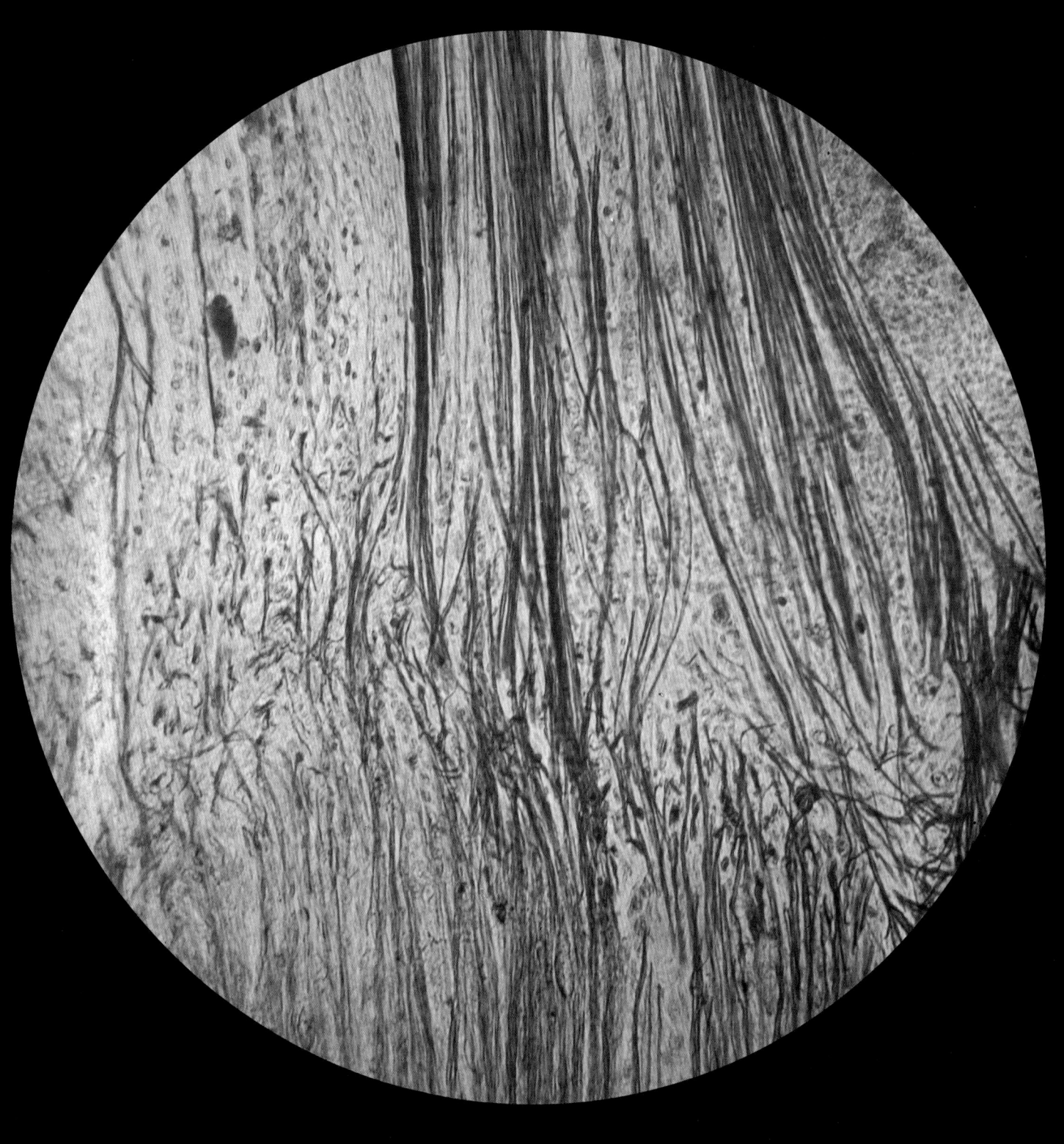

신경섬유의 재생, 라몬 이 카할이 촬영한 현미경사진.

발달과 **병리**

라몬 이 카할의 그림에는 발달이 끝난 성체 뇌의 뉴런이나 뇌 조직을 그린 것이 많은 편이다. 그러나 뇌가 성숙하는 과정에서 일어나는 변화에도 깊은 매력을 느꼈던 그는 뇌의 발달 단계도 연구하고 기록했다. 영국의 신경과학자 찰스 셰링턴 경은 이렇게 썼다. "[라몬 이 카할의] 남다른 특징은 현미경으로 관찰한 대상을 묘사할 때 마치 살아 있는 것을 본 듯 이야기하는 습관이 있다는 점이다. (…) 그는 현미경 속 장면을 마치 살아 있는 대상처럼 대했다. (…) 신경세포가 다른 신경세포를 찾으려고 제 몸에서 뻗은 신경섬유로 더듬거리며 찾는다는 식으로 말한다!"[38]

라몬 이 카할은 시간의 흐름에 따른 세포의 발달 또는 변화를 보여주는 그림을 순서대로 배치함으로써 바로 그런 '살아 있는' 감각을 표현했다. 예를 들어 옆 그림에서는 발달 중인 뇌에서 뉴런이 어떻게 성숙해가는지 보여주기 위해 점점 더 긴 축삭이 달린 뉴런을 차례로 그렸다. 또한 성인이나 성체의 뇌보다 구조적으로 더 단순한 배아나 어린 동물의 발달 중인 뇌를 관찰하여 얻은 결과를, 뇌가 개별 뉴런으로 구성되어 있다는 자신의 이론을 뒷받침하는 근거로 활용했다. 이는 뉴런주의를 입증하는 데 가장 중요한 전략이었다.

라몬 이 카할은 또한 외상을 입은 이후 뇌에서 일어나는 변화에도 깊은 호기심을 느꼈다. 그는 수동적으로 뇌를 관찰하기만 한 것이 아니라 뇌가 어떻게 반응하는지 알아내기 위해 동물의 특정 뇌 영역에 상처를 내기도 했다. 예컨대 축삭돌기들이 어떻게 쇠퇴하는지, 또는 스스로 치료되기도 하는지 알아보려고 축삭돌기 다발이 담긴 말초신경 peripheral nerve 을 벴다(183쪽 참고).

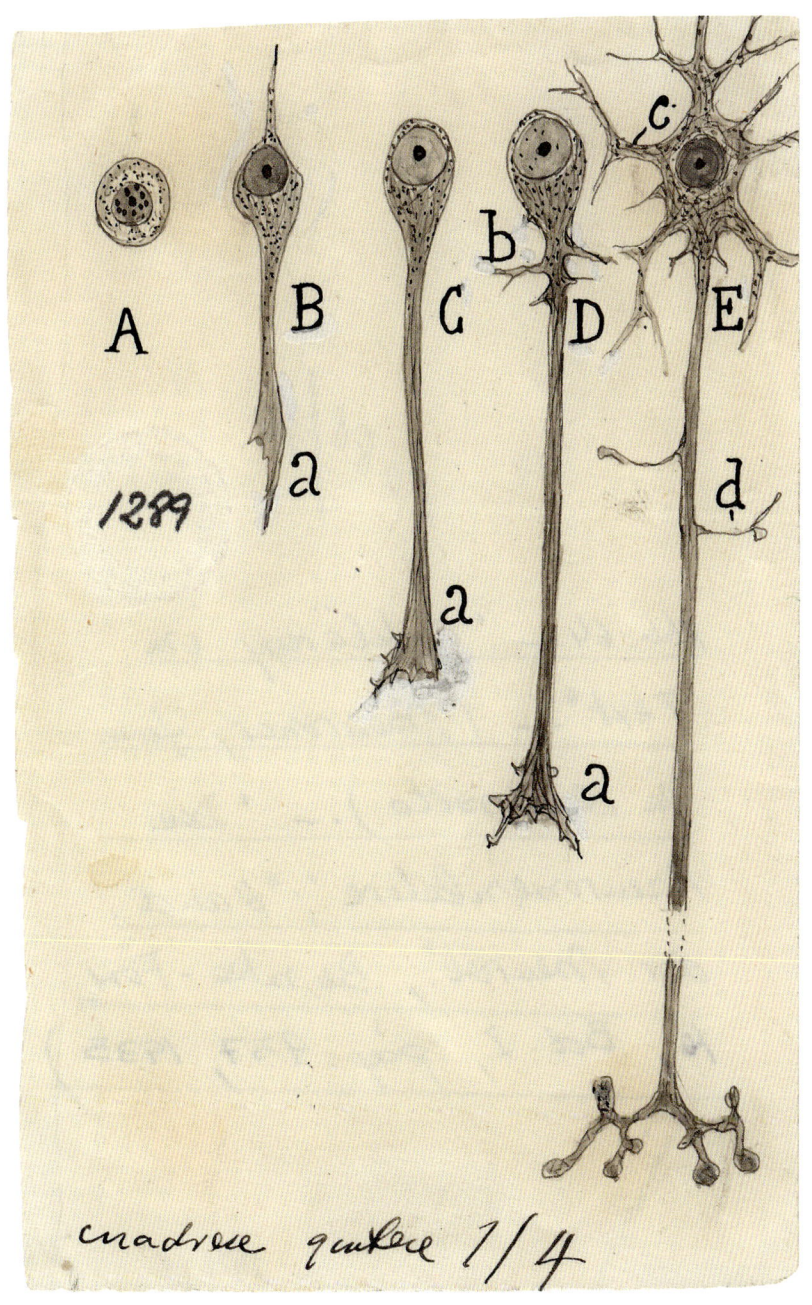

뉴런의 발달 단계

라몬 이 카할은 뉴런이 어떻게 성숙하는지 보여주기 위해 서로 다른 발달 단계에 있는 뉴런 그림 다섯 개(A부터 E까지)를 연달아 그렸다. 뉴런이 발달함에 따라 세포체에서 축삭돌기(a)라는 신경돌기가 자라 나온다. 축삭돌기를 표적이 있는 곳으로 안내하는 축삭돌기의 끝부분은 성장원추라고 한다. 성숙한 뉴런(E)에서는 성장원추가 표적을 발견하고 축삭돌기가 거기에 시냅스 연접부를 형성하는데, 축삭돌기 가지 끝에 있는 작은 동그라미가 바로 그 연접부다. 라몬 이 카할은 특별한 염색 방법을 사용해 뻗어나가는 축삭돌기의 끝부분을 최초로 관찰한 사람이자, 이 부분에 (우리가 오늘날에도 그대로 쓰고 있는) 성장원추라는 이름을 붙인 장본인이기도 하다. 성장원추의 구조는 165쪽에서 더 자세히 볼 수 있다.

닭 배아의 척수 속 성장원추

라몬 이 카할이 발견한, 축삭돌기의 끝부분에서 점점 자라는 성장원추의 존재는 뇌가 개별 뉴런으로 이루어져 있다는 뉴런주의를 뒷받침했다. 그는 자서전에서 성장원추를 이렇게 묘사했다. "[성장하는 축삭돌기의] 끝부분은 농축된 원형질이 원뿔 모양을 이루어 나타나며 아메바처럼 움직이는 성질이 있다. 이것은 살아 있는 공성 망치에 비유할 수 있는데 다만 말랑하고 유연하며, 길을 막고 있는 장해물을 기계적으로 옆으로 밀어붙이면서 앞으로 나아가다가 마침내 말초에서 신호를 전달할 영역에 도착한다."[39]

C   B   A

quitese un tercio o' algo menos

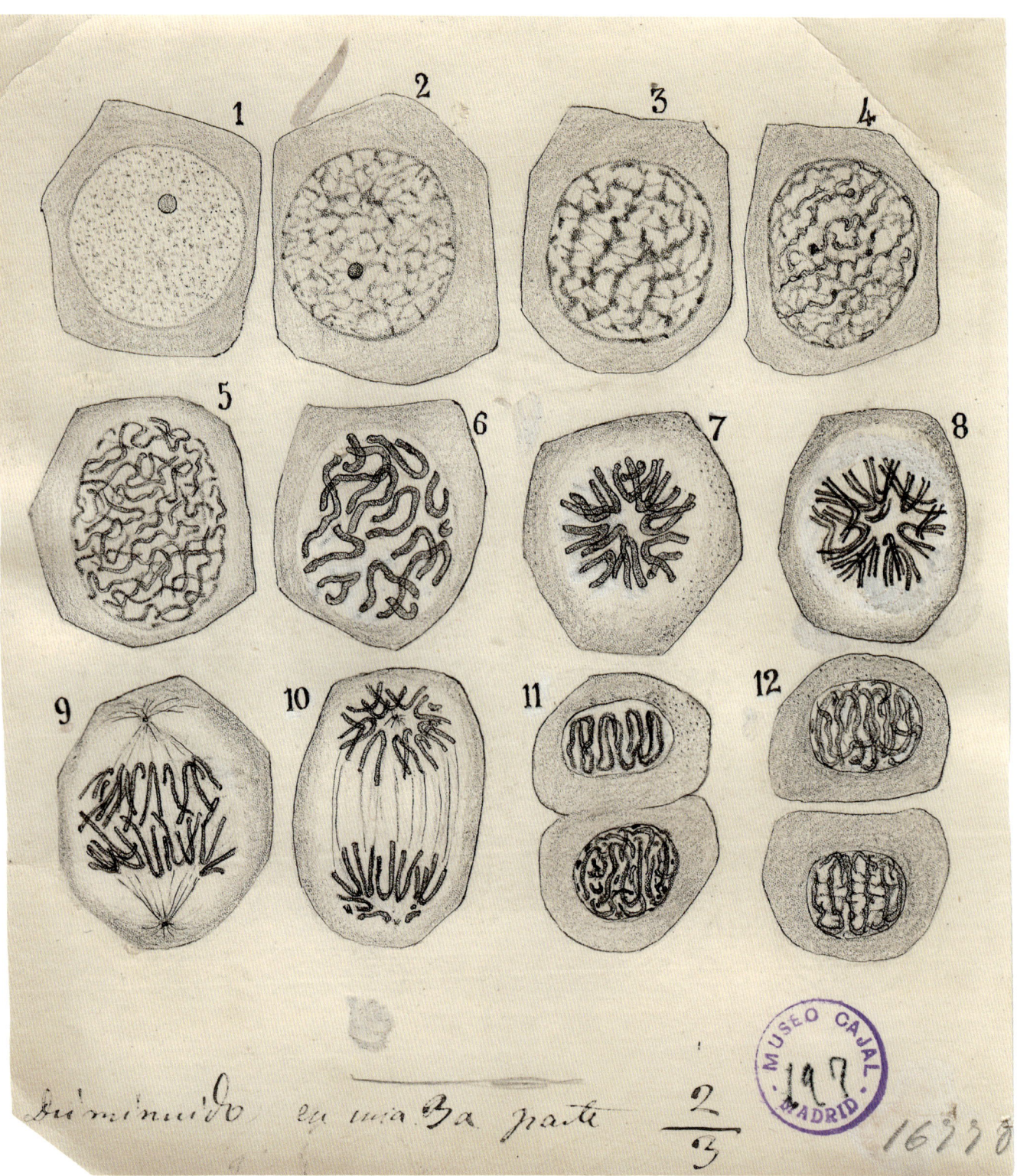

1   2   3   4

5   6   7   8

9   10   11   12

diminuido en una 3a parte   2/3   16778

피부 세포의 세포분열

라몬 이 카할은 뇌의 구조 외에도 관심사가 다양했는데, 경력 초기에 특히 더 그랬다. 그중 하나가 세포의 분열 방식과 세포분열 과정에서 핵(세포 내에서 염색체를 포함하고 있는 세포 기관)이 하는 역할이었다. 이는 그 시대에 뜨거운 관심을 받은 주제이기도 했다. 이 그림은 피부 세포의 세포분열을 12단계로 나누어 보여준다. 세포 안에 있는 짙은 색 벌레처럼 생긴 것이 염색체인데, 염색체는 2에서 6단계에 걸쳐 나뉘고 응축되며, 7에서 9단계에 걸쳐 스스로 배열을 정리하고, 10단계에서 세포가 양쪽으로 분리된 직후 11, 12단계에서 두 개의 세포로 분열된다. 세포의 유전물질을 품고 있는 염색체가 이렇게 분리되는 덕에 딸세포 둘 다 DNA 전량을 온전히 보유할 수 있다.

익사자의 소뇌 푸르키네뉴런의 축삭돌기

라몬 이 카할은 외상 이후(이 경우에는 사망 이후), 뇌에 어떤 변화가 일어나는지에도 관심이 많았다. 그는 외상이 소뇌에 미치는 영향에 관해 여러 연구를 진행했고, 그 결과를 이 그림과 뒤에 이어지는 그림들로 기록했다. 그림 윗부분에 연한 색으로 표현한 큰 세포들은 소뇌에 있는 푸르키네뉴런의 세포체다. 거기서 아래로 뻗어나간 축삭돌기들은 다양한 손상 단계에 이른 모습을 보여준다. 축삭돌기들은 어두운색으로 칠해져 있는데, A와 B처럼 완전히 손상된 축삭돌기도 있고, C, D, F, G, H처럼 남아 있기는 하지만 퇴화의 확실한 신호인 큰 망울이 생긴 것도 있다.

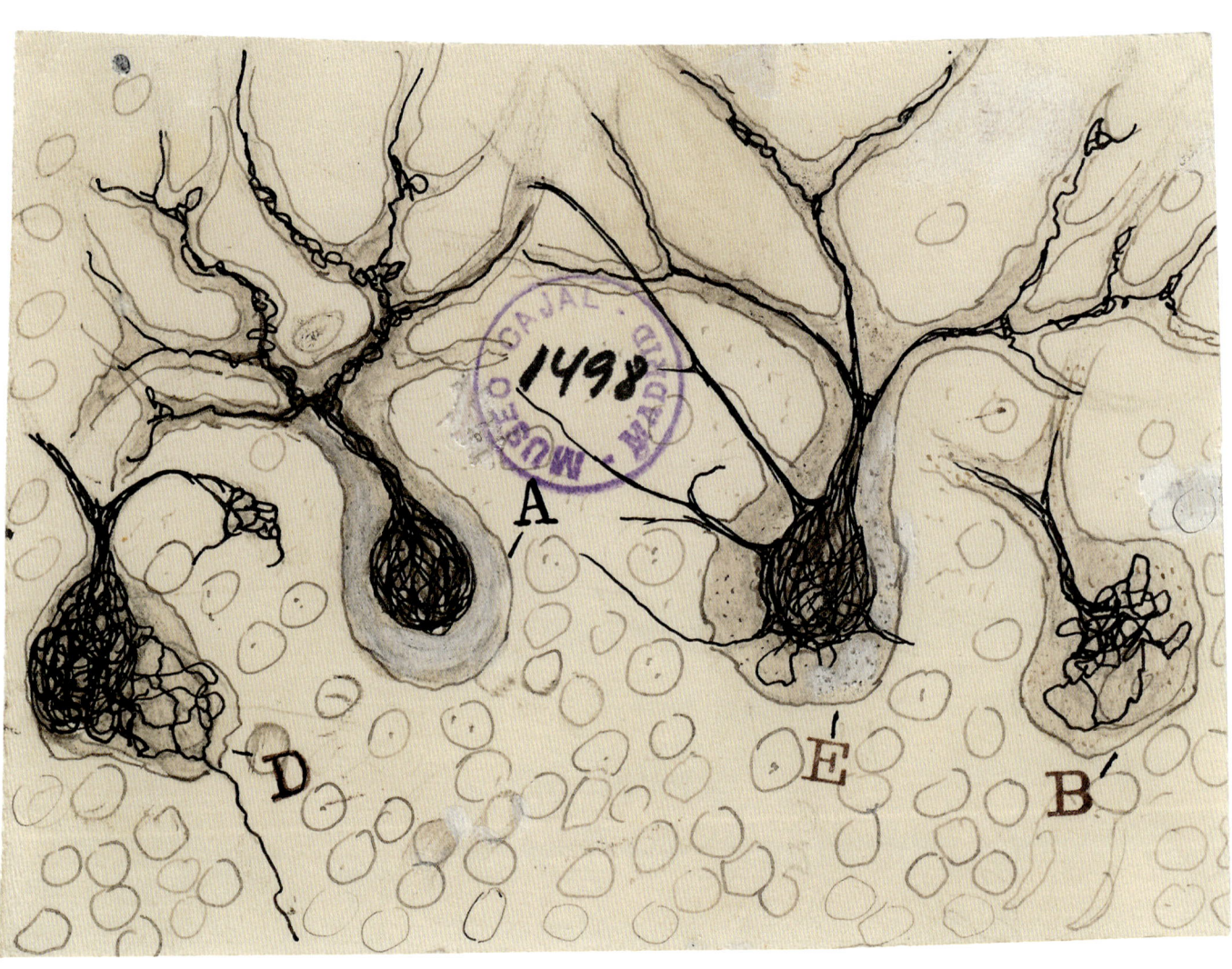

상처 입은 푸르키네뉴런

라몬 이 카할은 자르거나 근처 조직으로 압박하는 방식을 통해 푸르키네뉴런에 상처를 냈다. 이 그림에서는 압박 부상을 입은 이후 다양한 손상 단계를 거치고 있는 푸르키네뉴런 네 개를 보여준다. 그는 이런 식으로 부상당했을 때 뉴런이 갑자기 죽어버리는 것이 아니라 세포체의 바깥층에서부터 여러 날에 걸쳐 점진적으로 쇠퇴한다는 점에 주목했다. 또한 뇌에 있는 뉴런의 축삭돌기가 잘렸을 때, 잘린 축삭돌기의 끝부분은 죽어버리지만 세포체와 가지돌기 들은 때로 살아남기도 한다는 사실도 알아냈다.

고양이의 상처 입은 푸르키네뉴런

라몬 이 카할은 소뇌 부상으로 푸르키네뉴런에 생긴 손상을 알아보는 연구를 여러 차례 실시했다. 이 그림은 상처를 입은 지 열흘이 지난 고양이의 뇌 손상 정도를 기록한 것이다. 이 뉴런에서 주로 손상을 입은 부분은 가지돌기들로, 부풀어 올라 있고 일부는 큰 액포(a)가 생기기도 했다. 이 상처 입은 세포들에서 보이는 크게 부푼 부분과 액포는 건강한 푸르키네뉴런의 가지돌기에서는 볼 수 없는 것들이다(52~55쪽 참고). 라몬 이 카할은 상처 입은 푸르키네뉴런에서 대개는 축삭돌기들이 손상된다는 점을 지적했다. 이 그림 속 푸르키네뉴런의 경우에는 예외적으로 아래쪽의 세포체(A, B)에서 건강한 축삭돌기들이 나와 있다.

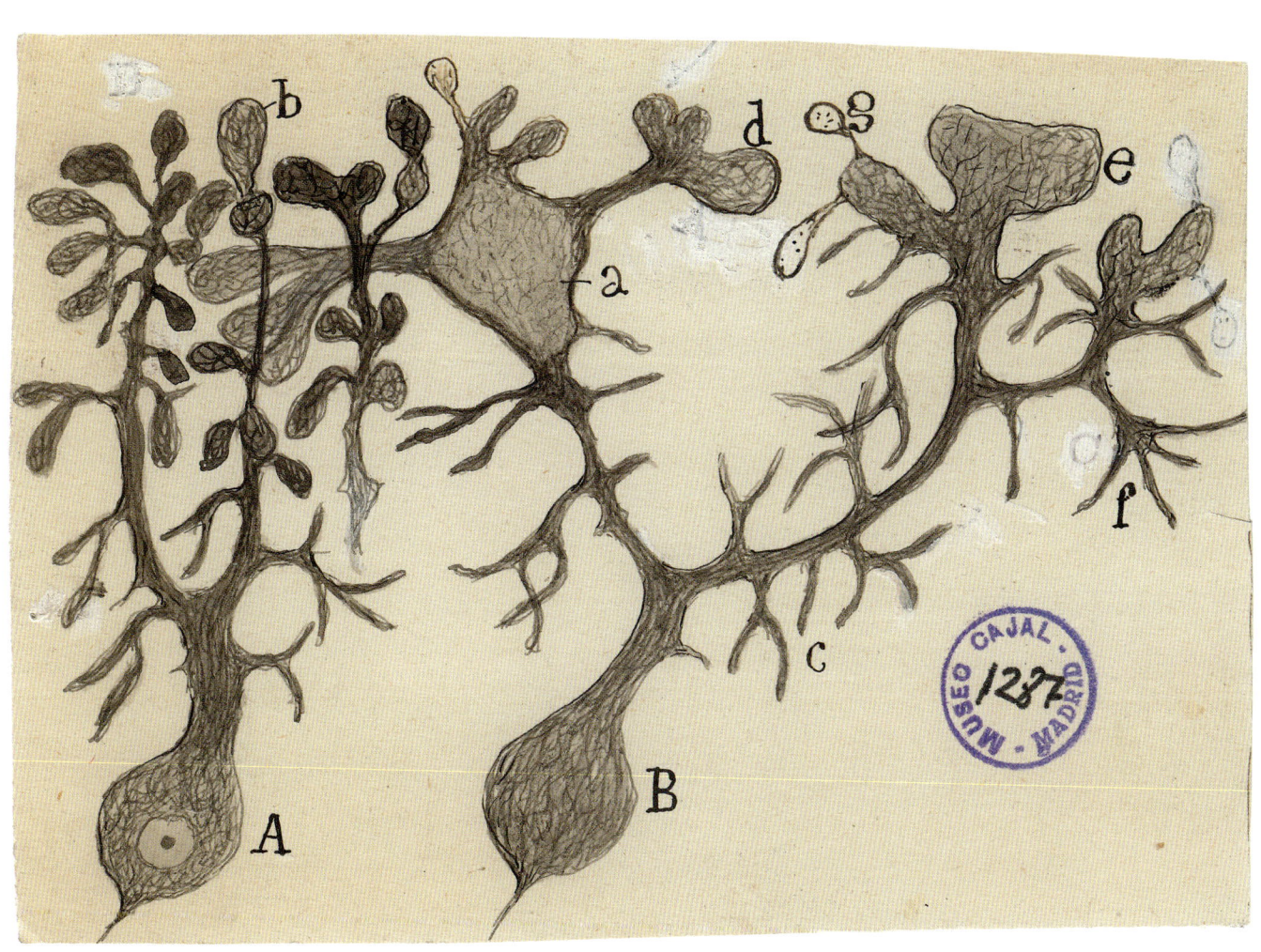

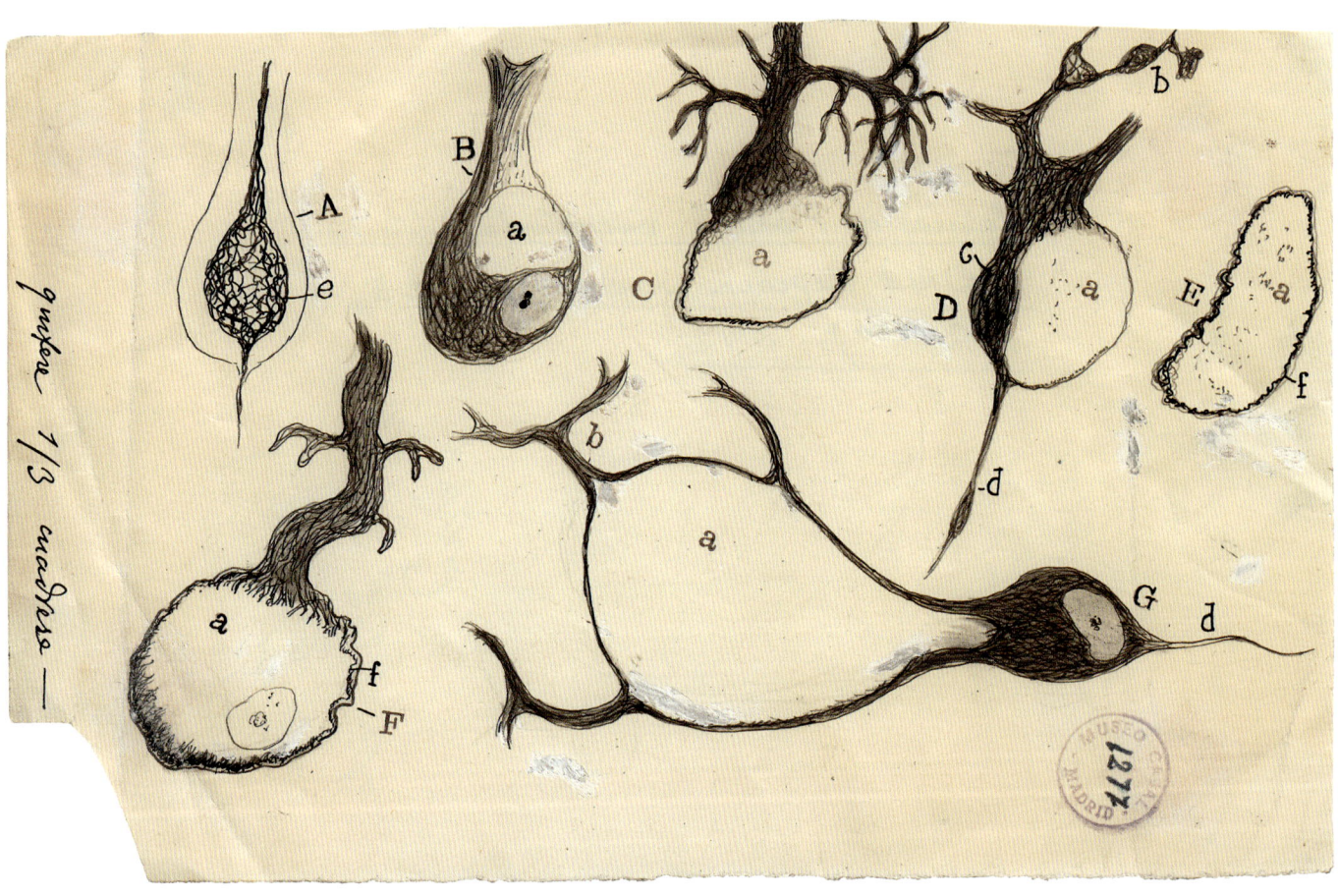

소뇌의 상처 입은 푸르키네뉴런

이 그림으로 판단하자면 라몬 이 카할은 분명 익살스러운 유머 감각의 소유자였던 것 같다. 소뇌의 상처 입은 푸르키네뉴런들을 표현한 이 그림에서 그는 부풀어 오르고 텅 비어 있는 것처럼 보이는 세포체에 초점을 맞췄다. 몇몇 세포에는 확실한 손상의 징후인 커다란 액포(a)가 있다. 이 중 가장 크게 부푼 세포(G)는 다른 뉴런들 사이에서 헤엄치는 펭귄처럼 보인다. 현미경을 통해 실제로 이런 펭귄 같은 모습을 보았던 걸까? 라몬 이 카할은 보통 자신이 본 특정 세포를 베끼듯 묘사하기보다 기억에 근거해 그림을 그렸으므로 단정하기는 어렵다.

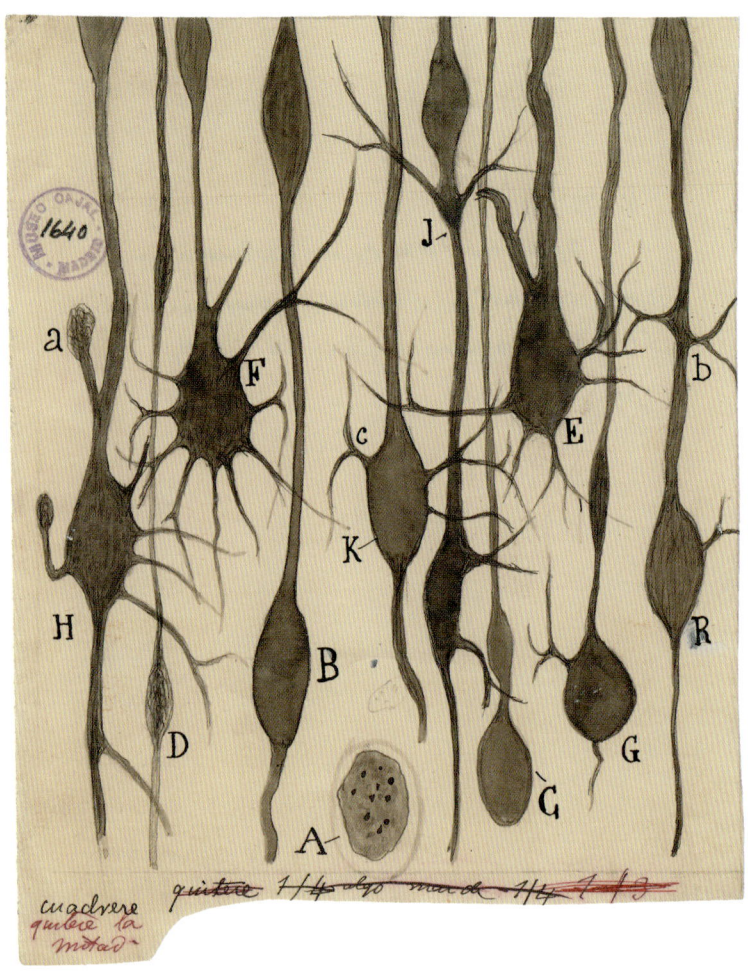

대뇌피질 피라미드뉴런들의 상처 입은 축삭돌기

라몬 이 카할은 뇌의 여러 부분에 상처가 생긴 뒤 일어나는 변화를 연구했다. 소뇌를 집중적으로 연구했을 뿐 아니라, 조직에 손상을 입은 뒤 대뇌피질의 뉴런에 생기는 변화의 특징도 밝혀냈다. 이 두 그림은 피라미드뉴런의 축삭돌기에 일어나는 변화를 기록한 것이다. 일부 축삭돌기(위 그림의 A와 177쪽 그림의 g, h)는 완전히 퇴화해 붕괴 중인 조직 뭉치만 남아 있고, 멀쩡히 남은 축삭들도 손상된 푸르키네뉴런(169쪽)에서 보았던 것과 유사한 망울들이 생겨 있다. 이 손상 연구를 통해 라몬 이 카할은 말초신경과 달리 뇌는 재생될 수 없다는 결론을 얻었다. 뇌와 척수가 손상되는 일이 너무나 파괴적인 이유가 바로 이 재생력의 결여이며, 이 때문에 부상 이후 회복되지 않는 것이다.

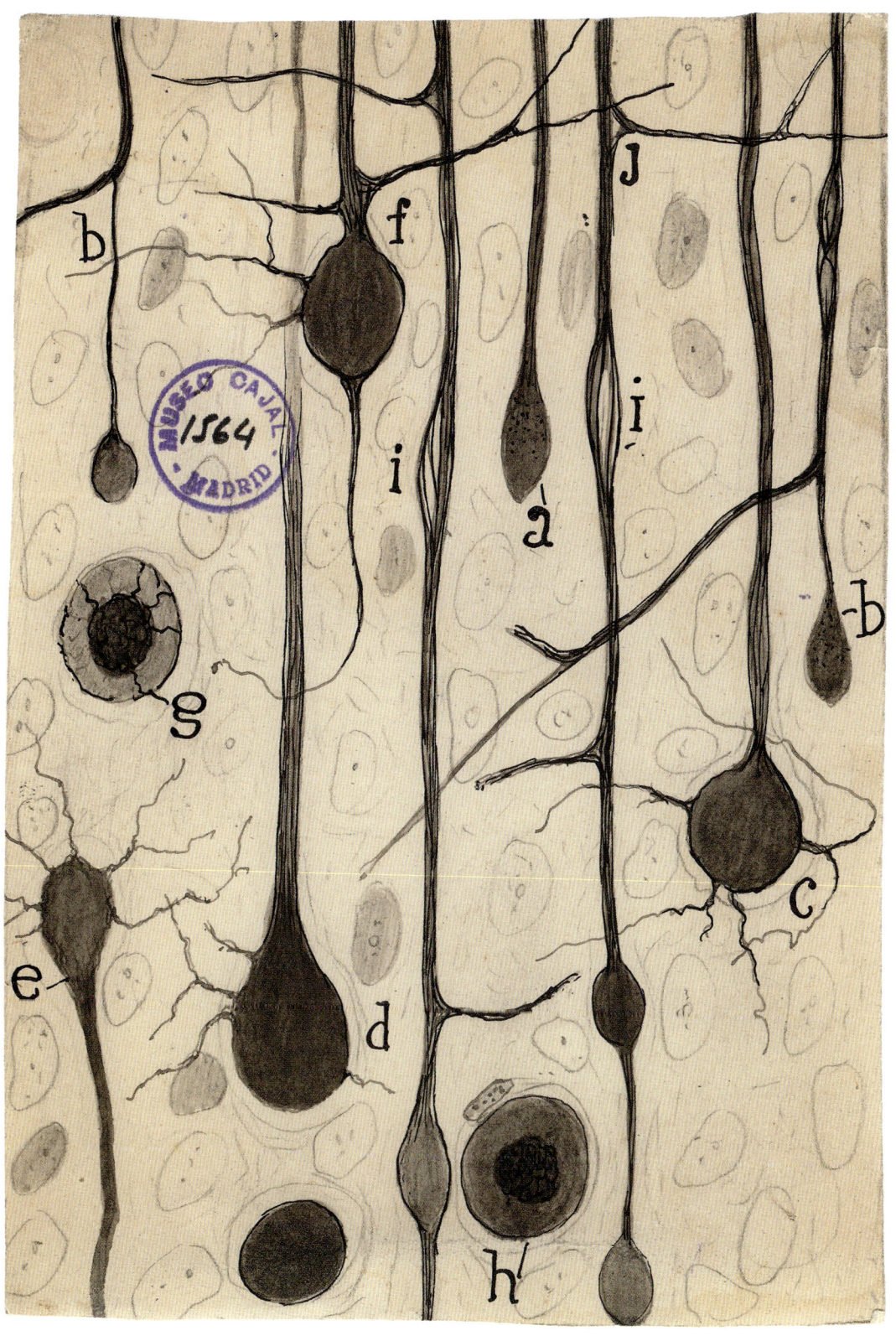

외상 이후 대뇌피질의 반흔조직

뇌에 상처가 생기면 이후 그 손상 영역에 반흔조직 scar tissue (흉터)이 생겨난다. 반흔조직은 주로 뇌에서 가장 흔한 교세포인 별아교세포로 만들어진다. 말하자면 부상이 별아교세포의 증가와 확대를 촉발하는 셈이다. 이 그림은 부상을 입은 대뇌피질에 형성된 반흔조직 안의 변형된 별아교세포들을 보여준다. 라몬 이 카할은 별아교세포를 어두운색으로 그려 강조했다. 왼쪽 아래에서 대각선 위로 그려진 혈관 조직과 맞닿아 있는 별아교세포들도 눈에 띈다. 축삭돌기의 잘린 끝부분은 별아교세포 반흔조직을 뚫고 다시 자랄 수 없다. 이것이 외상 이후 뉴런이 재생하지 못하는 까닭이자 뇌가 스스로 회복할 수 없는 이유다. 별아교세포 반흔조직은 외상 이후 뇌에서 일어나는 뇌전증 발작의 원인일 가능성도 있다.

C B b a D

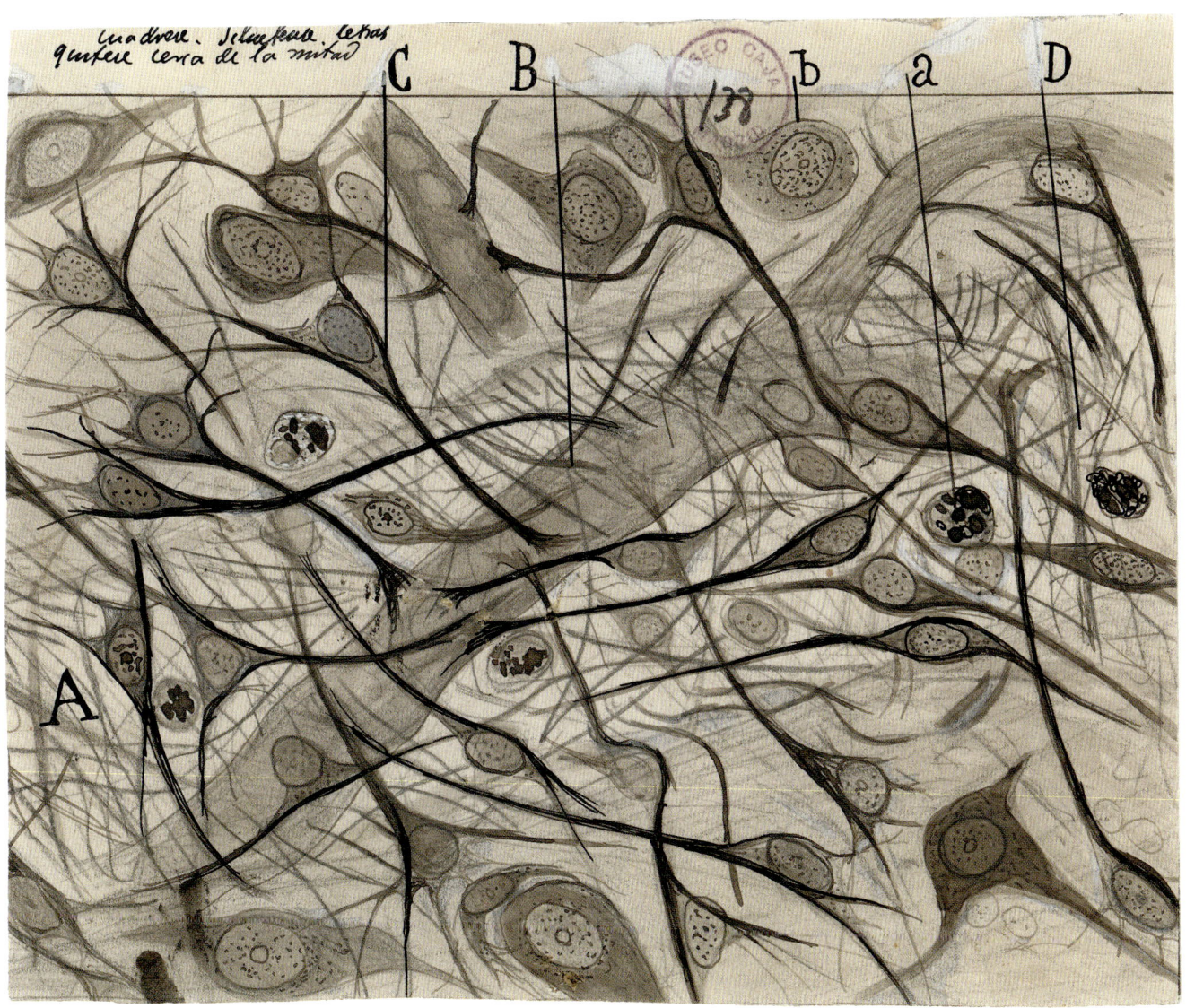

A

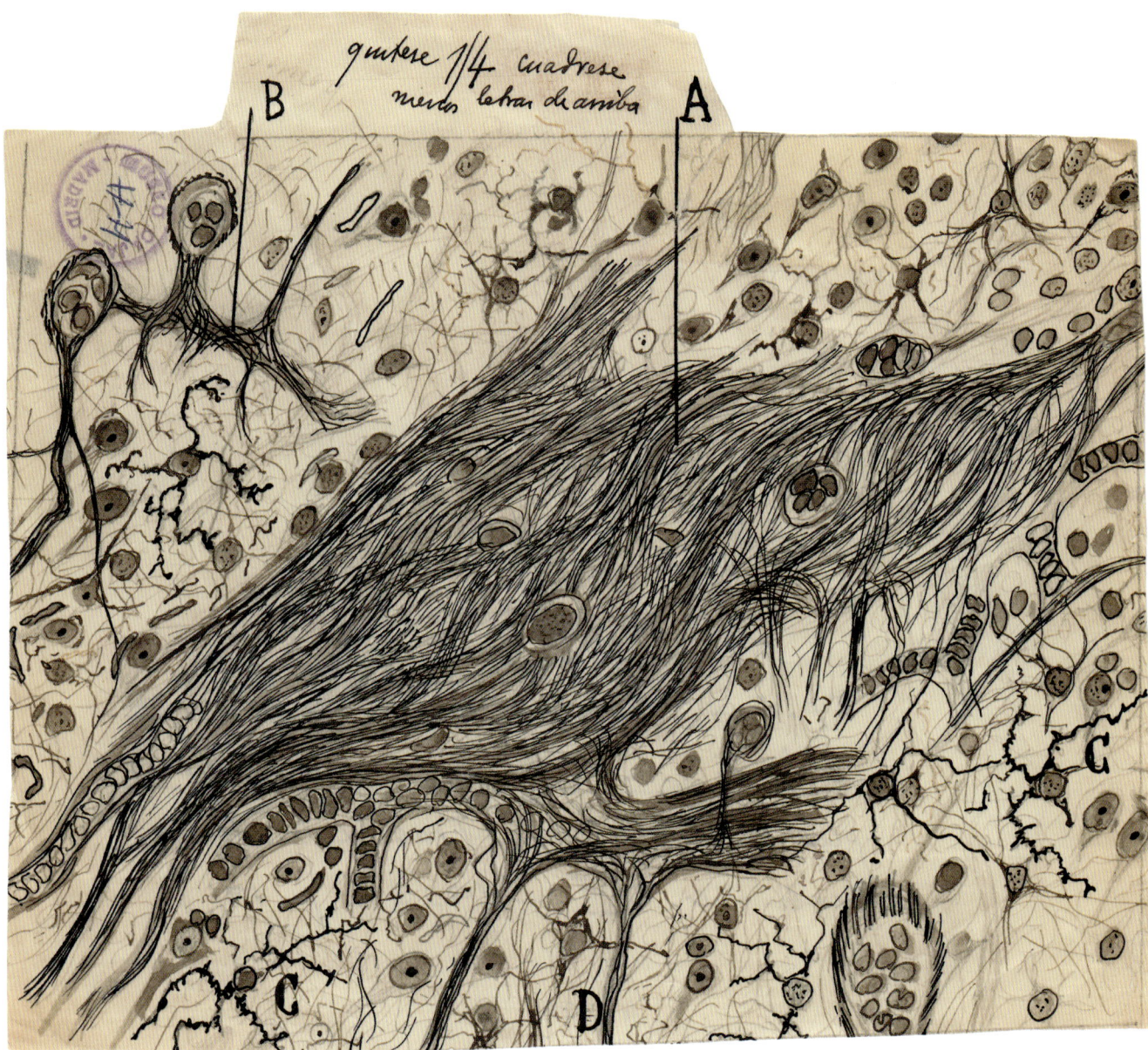

B   gintese 1/4 cuadrese   A
     merer letran de arriba

C   D   C

마비가 일어난 사람의 대뇌피질 속 교세포들

병변의 징후는 외상을 당했거나 신경퇴행성 질환을 앓은 환자의 뇌에서 자주 보인다. 예를 들어 알츠하이머병 환자의 뇌에는 아밀로이드 플라크와 신경미세섬유 덩어리가 축적되어 있다. 라몬 이 카할은 마비가 일어났던 사람의 뇌를 살펴봤다. 이 그림에 표현되어 있듯이, 그는 환자의 대뇌피질에서 변형된 교세포들(A)을 발견했다. 주변에 어둡게 염색된 섬유들이 조밀하게 모여 있는 이 교세포들은 혈관(왼쪽 아래 적혈구를 품고 있는 구조물)과 밀접하게 연결되어 있다. 그림 왼쪽 위에서 변형된 교세포들을 내려다보는 유령 같은 얼굴은 일부러 그려 넣은 것일까?

척수 바깥의 잘린 신경

라몬 이 카할은 뇌에 생긴 외상의 결과뿐 아니라, 척수에서 출발해 신체의 다른 기관들과 뇌를 연결하는 축삭돌기 다발인 말초신경이 잘렸을 때 어떤 결과가 일어나는지도 연구했다. 이 그림에서는 잘린 신경의 끝부분을 보여준다. 아직 척수에 붙어 있는 신경의 중심부 토막(A)이 그림 위쪽에 보이고, 잘린 신경 끝부분(B)은 아래쪽에 있다. 중심부 토막에서 나온 축삭돌기들은 세포체에 붙어 있으므로 여전히 살아 있고 재생이 가능하다. 이 새로 나온 축삭돌기는 성장원추(축삭돌기 끝의 부푼 부분)와 함께 중심부 토막으로부터 다소 무작위적인 방향으로 자라는 것으로 보인다. 손상된 신경에서 복잡하게 뻗어 나온 이 축삭돌기들이 때로 신경종을 형성하기도 하는데, 이는 심한 통증의 원인이 될 수 있다. 중심부 토막에서 자라 나온 축삭돌기 중 일부(f, g)가 절단된 신경 끝부분으로 건너간 것도 볼 수 있는데, 이렇게 건너간 축삭돌기들은 다시 자라서 원래 가려고 했던 목적지까지 뻗어간다. 그러니까 라몬 이 카할은 이 그림으로 기본적 원리 하나를 보여준 셈이다. 그것은 바로 말초신경은 뇌나 척수의 중추신경과 달리 재생될 수 있다는 점이다.

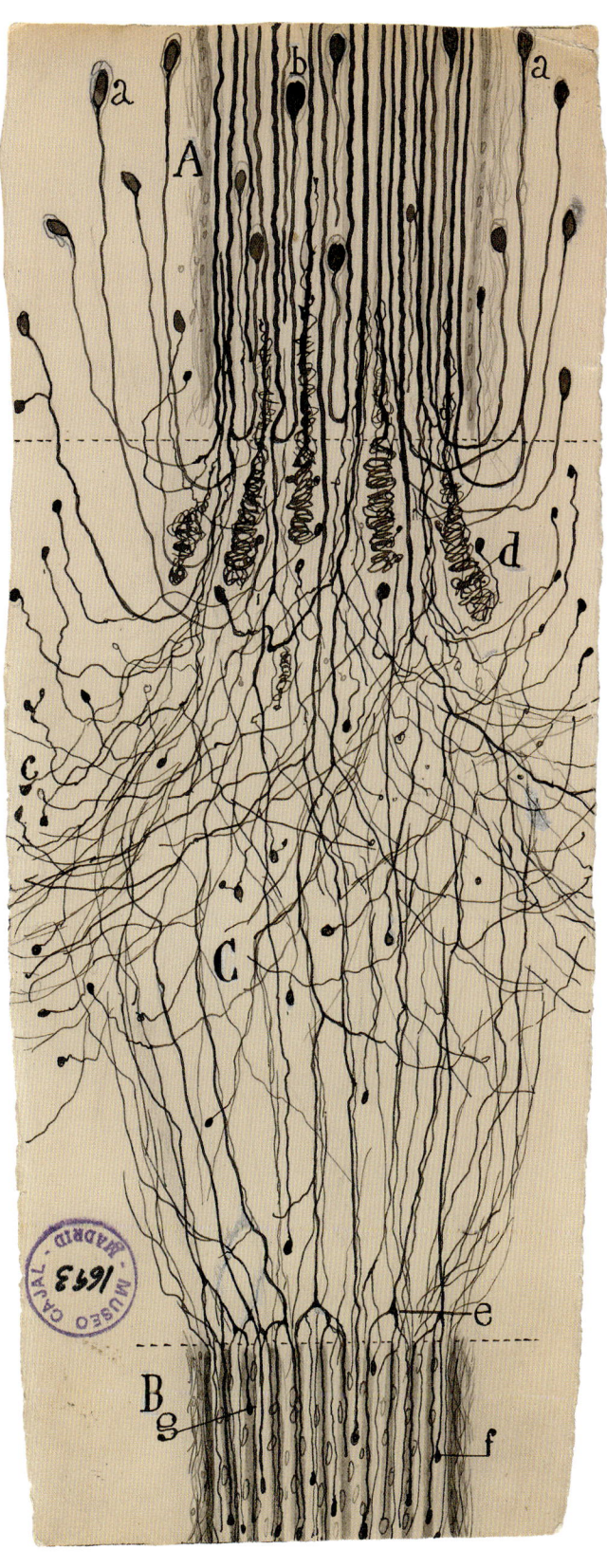

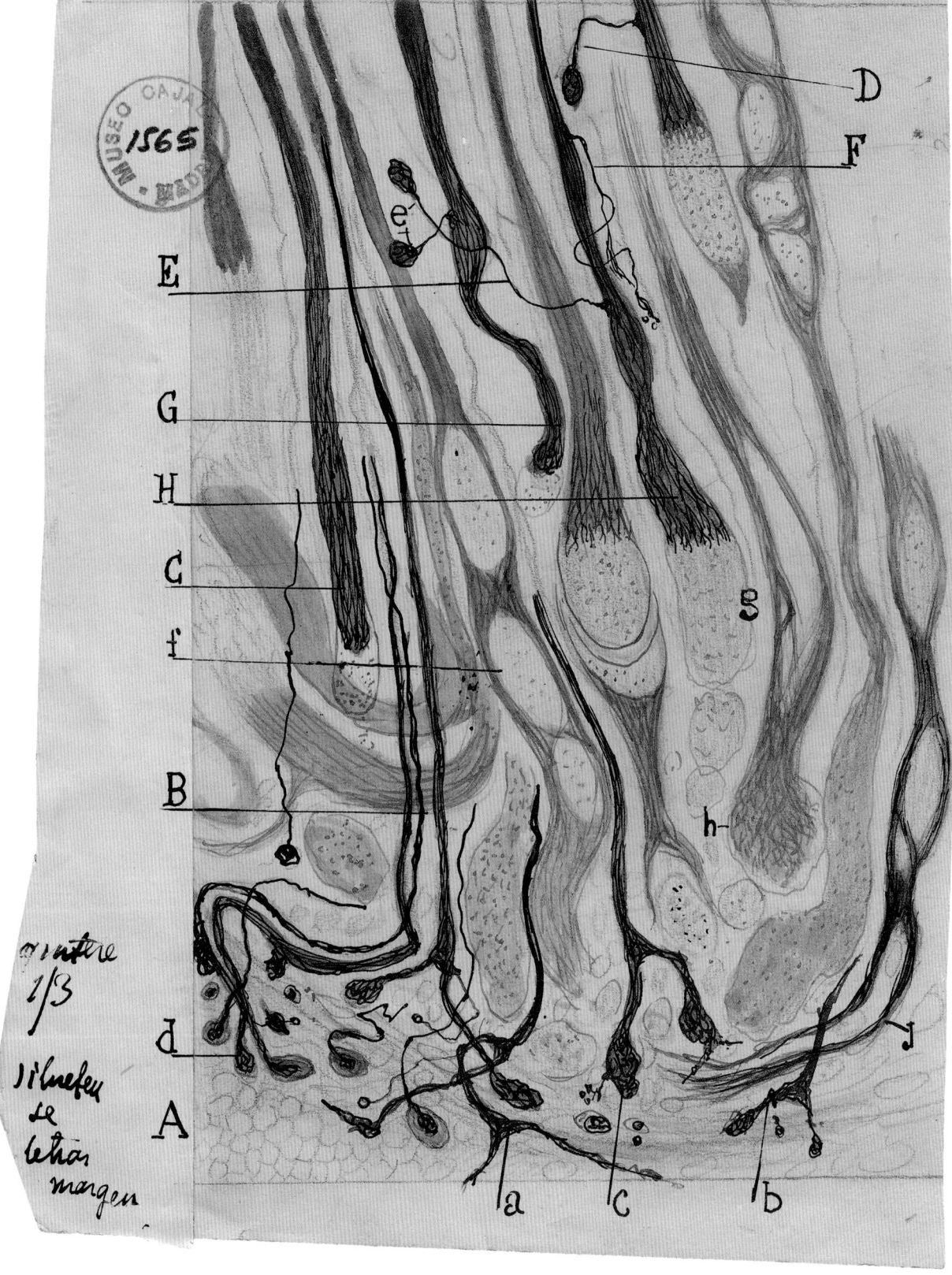

D

F

E

G

H

C

f

B

e

g

h

d

a   c   b

j

A

orentre
2/3

Silurefen
de
letha
margen

토끼의 잘린 신경 토막의 손상 여섯 시간 후의 모습

라몬 이 카할은 절단된 말초신경의 시기별 재생 상태도 기록했다. 신경이 절단되고 겨우 여섯 시간이 지났을 때 이미 재생되는 징후가 발견됐다. 이 그림에서 A는 최초에 신경이 잘린 상처 부위를 나타내고, G와 H는 부상으로 인해 부어오른 개별 축삭돌기들을 가리킨다. 몇몇 축삭돌기에서는 가느다란 축삭가지들(D, E, F)이 돋아나왔는데, 이는 재생을 보여주는 첫 징후다. 그런 축삭돌기 가지 중 일부(d)는 신경 토막과 신경 끝 사이의 분리된 틈새를 건너가 계속 자라 결국 원래 목적했던 기관까지 갈 수도 있다(183쪽 참고). 다시 자라서 말초신경 전체로 뻗어가는 축삭돌기의 수가 충분히 많아지면 신경 기능이 회복되기도 한다.

절단되어 척수에서 분리된 신경 속 교세포들

신경이 절단되면 잘려나간 신경 속 축삭돌기들은 세포체에서 분리되고, 그 결과 소멸한다. 하지만 신경 속에서 개별 축삭돌기를 에워싸고 절연하는 역할을 하는, 슈반세포Schwann cell라는 말초신경계의 교세포는 살아남는다. 이 그림에서 어둡게 표시된 것이 잘린 신경 속에 있는 슈반세포인데, f라고 표시된 것은 슈반세포 하나를 나타낸다. 이 세포는 b라고 표시된 마디(랑비에결절node of Ranvier이라고 한다) 앞에서 끝나고, 이 마디는 f 세포와 다음 슈반세포를 분리한다. f 바로 위의 세포를 포함하여 이 그림 속의 다른 슈반세포들은 부분적으로 손상되어 몇 조각으로 나뉘어 있다. 라몬 이 카할은 축삭돌기가 신경의 중심부 토막에서 다시 자라 잘려나간 신경 끝부분으로 이동할 때 바로 이 슈반세포 속을 뚫고 들어간다는 것을 알게 되었다. 그의 신경 절단 실험으로, 잘려나간 신경 속 슈반세포가 축삭돌기의 재생을 촉진하는 화학물질을 분비한다는 사실도 밝혀졌다. 지금 우리는 이 화학물질을 성장인자growth factor라고 부른다.

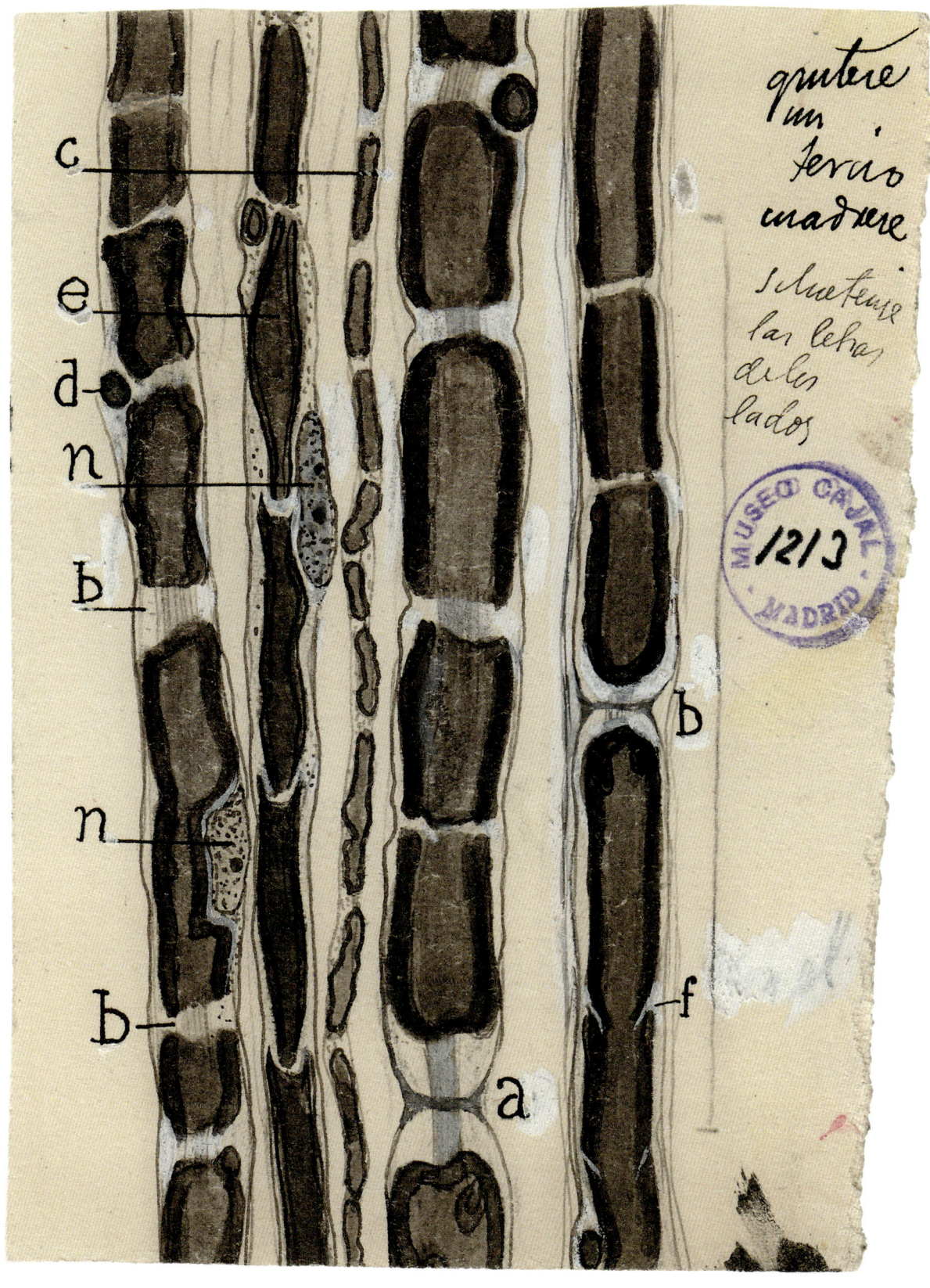

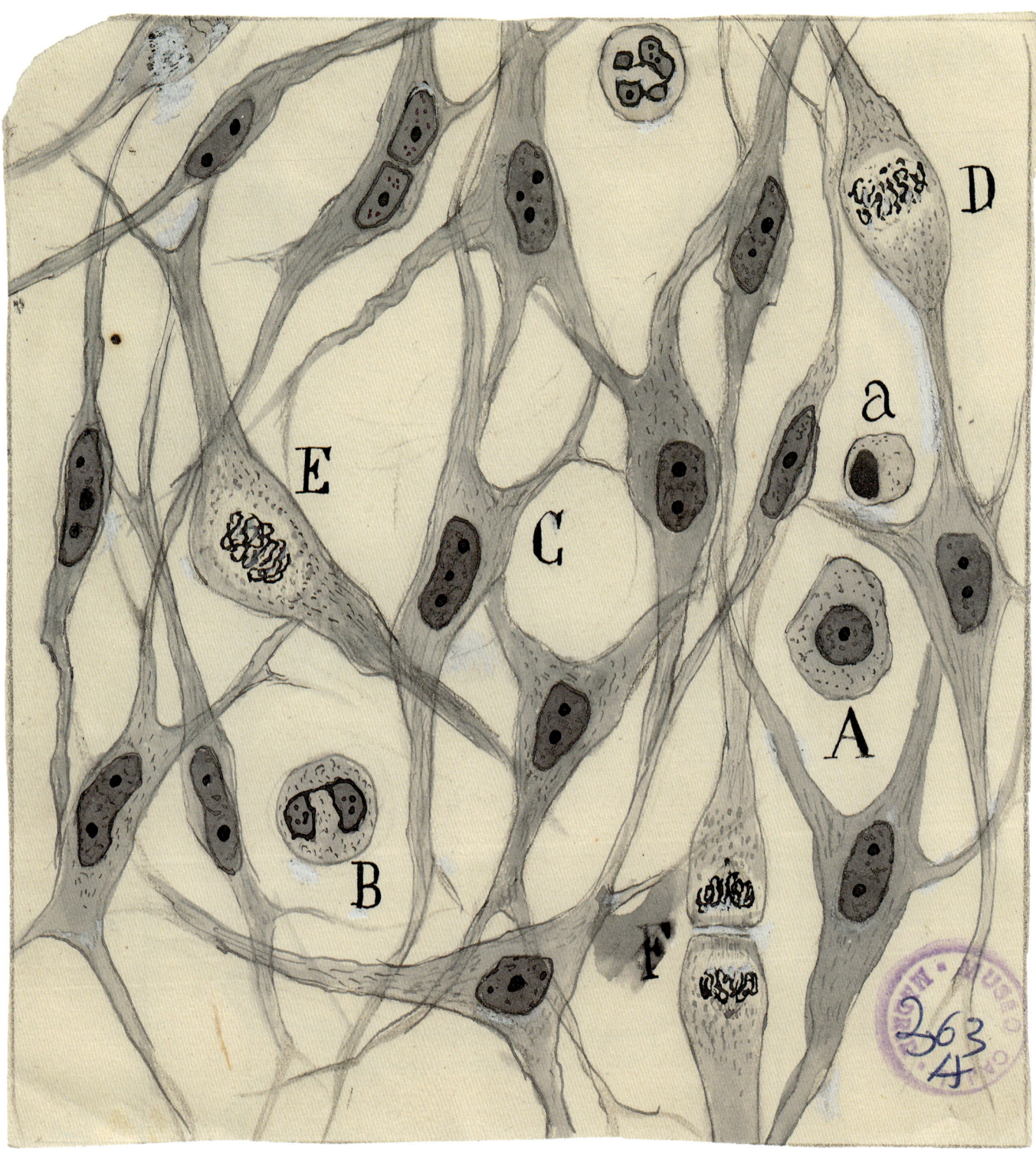

잘린 신경 토막 속 반흔조직

반흔조직은 신경이 척수 바깥에서 잘릴 때 생기며, 주로 상처 치유에서 결정적 역할을 하는 섬유모세포fibroblast로 구성된다. 라몬 이 카할은 잘린 신경의 중심부 토막을 그린 이 그림을 통해 아직 척수에 연결되어 있는 반흔조직의 섬유모세포들을 보여준다. 섬유모세포는 빠른 속도로 세포분열하는데, 그림에는 서로 다른 세포분열 단계를 거치고 있는 섬유모세포들(D, E, F)이 담겨 있다. 라몬 이 카할은 신경 절단 실험을 통해, 중심부 토막의 축삭돌기들이 반흔조직의 섬유모세포 사이를 뚫고 들어와 자란 결과 잘린 신경 끝부분과 다시 연결될 수 있음을 증명했다. 척수 바깥의 신경이 재생되고 기능을 회복하도록 해주는 것이 바로 이 과정이다.

고양이의 척수로 들어가는 손상된 말초신경의 축삭돌기들

말초신경은 손상된 후에도 재생하여 정상 기능을 회복할 수 있다. 손상된 축삭돌기들은 다시 자라서 손상 부위를 지나 피부나 근육과 새로 연결된다. 또한 척수 안으로도 다시 들어갈 수 있다. 이 그림은 손상된 지 나흘 지난 말초신경의 축삭돌기를 그린 것이다. 손상된 신경은 왼쪽 아래에서 대각선으로 가로질러 올라가고, 척수는 오른쪽에 있다. 라몬 이 카할은 신경 속 일부 축삭돌기(a, c, C)가 다시 자라서 척수 안으로 들어간 모습을 보여준다.

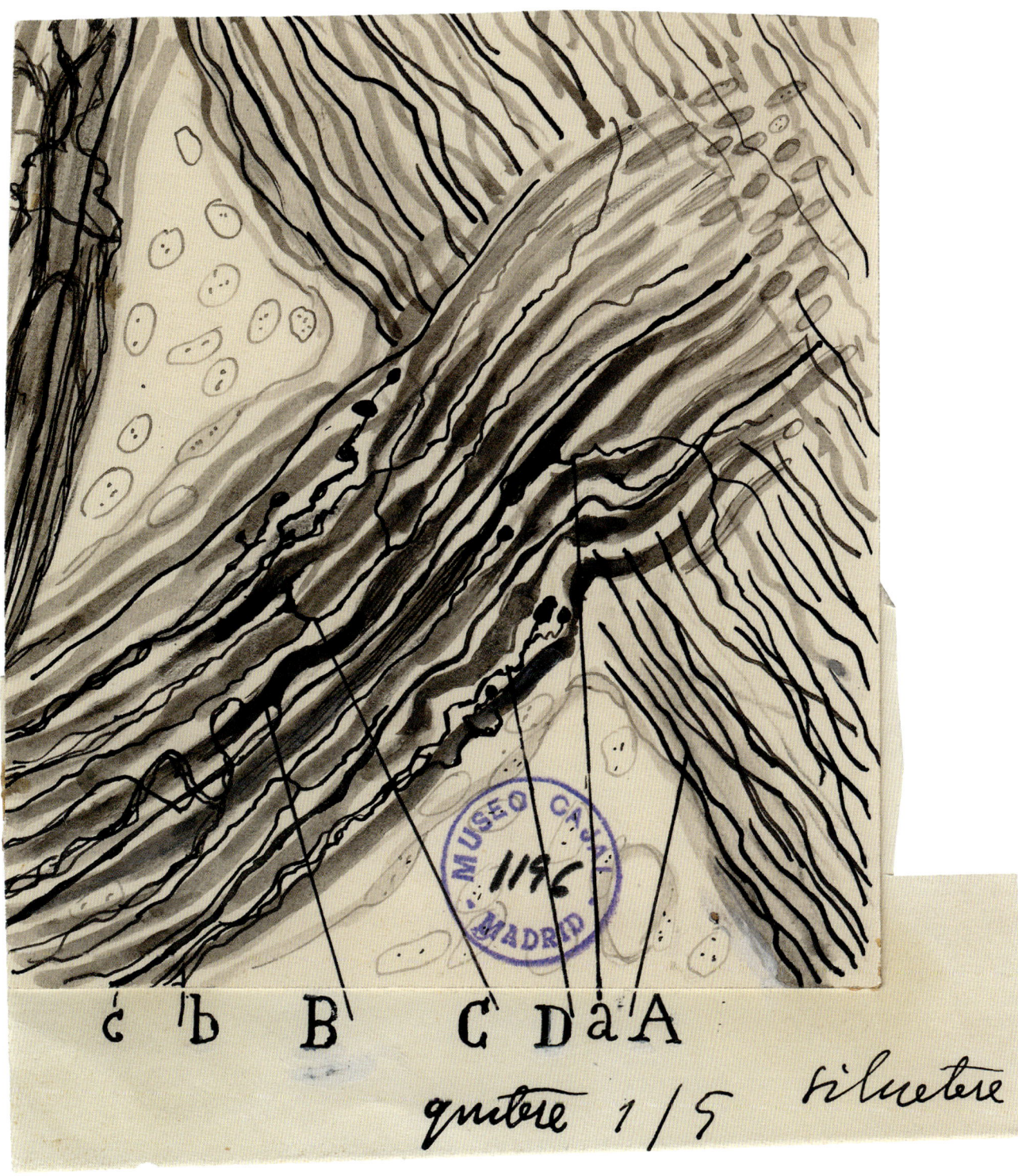

c̓ b̓ B C D d̓ A

quiere 1/5   siluetere

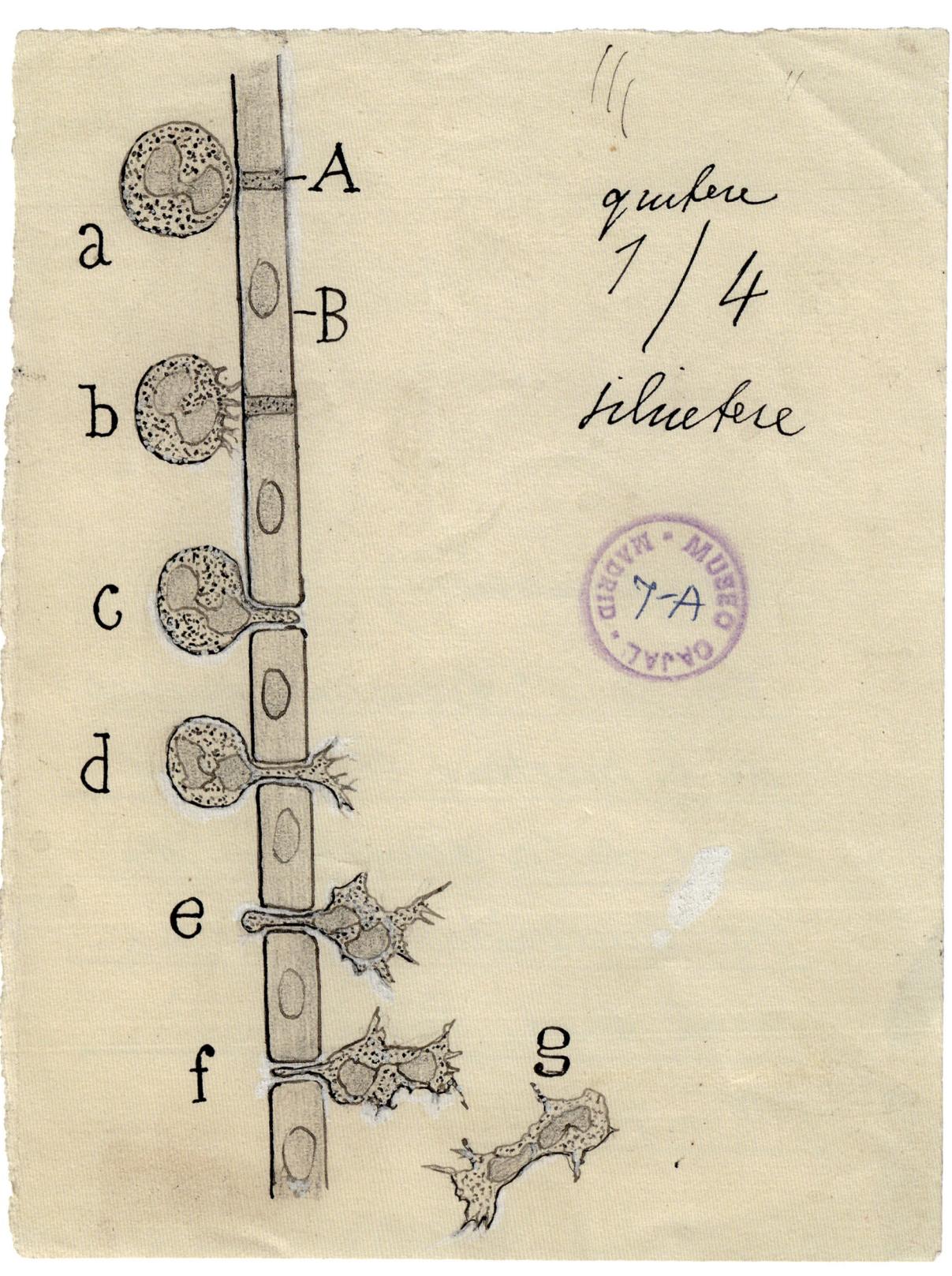

a

A

b

B

c

d

e

f

g

quiere
1/4
silueteie

혈관을 뚫고 이동하는 백혈구

뇌나 신체의 다른 기관이 상처를 입거나 감염되면, 백혈구는 감염과 싸우고 회복을 촉진하기 위해 혈관 속(그림 왼쪽)에서 다친 조직(그림 오른쪽)으로 이동한다. 라몬 이 카할은 일곱 단계로 구성된 이 그림에서 백혈구 하나가 혈관벽(B)의 작은 구멍(A) 사이를 뚫고 이동하는 그 과정을 보여준다. 백혈구는 아메바처럼 움직이는 성질이 있어서 혈관벽을 가로지르고(d, e, f) 조직을 뚫고 들어갈(g) 수 있다. 백혈구는 뇌에 상처가 생겼을 때는 뇌로도 침투할 수 있지만, 신경계에는 백혈구와 비슷한 기능을 담당하는 자체의 세포도 있다. 미세교세포^{microglial cell}라 불리는 이 세포는 뇌에서 감염과 맞서 싸우고 상처 회복을 돕는다.

뇌를 감싼 막의 종양 세포

뇌 표면은 수막^{meninge}이라는 보호막으로 덮여 있으며, 수막은 경막^{dura mater}, 거미막 ^{arachnoid}, 연막^{pia mater}의 세 층으로 구성된다. 드물기는 하지만 이 수막에 종양이 생기는 일이 있는데 이 종양을 수막종이라 한다. 이 종양은 대체로 양성이며 아무 증상이 없 는 경우도 많다. 이 그림에서 라몬 이 카할은 수막종 세포를 그렸는데, 이 유형의 종 양에서 전형적으로 나타나는 소용돌이 모양을 띠고 있다. 그가 빈센트 반 고흐의 그 림을 알고 있었는지는 확실치 않지만, 이 그림은 고흐가 〈별이 빛나는 밤〉에서 묘사 한 밤하늘의 형태와 많이 닮아 보인다.

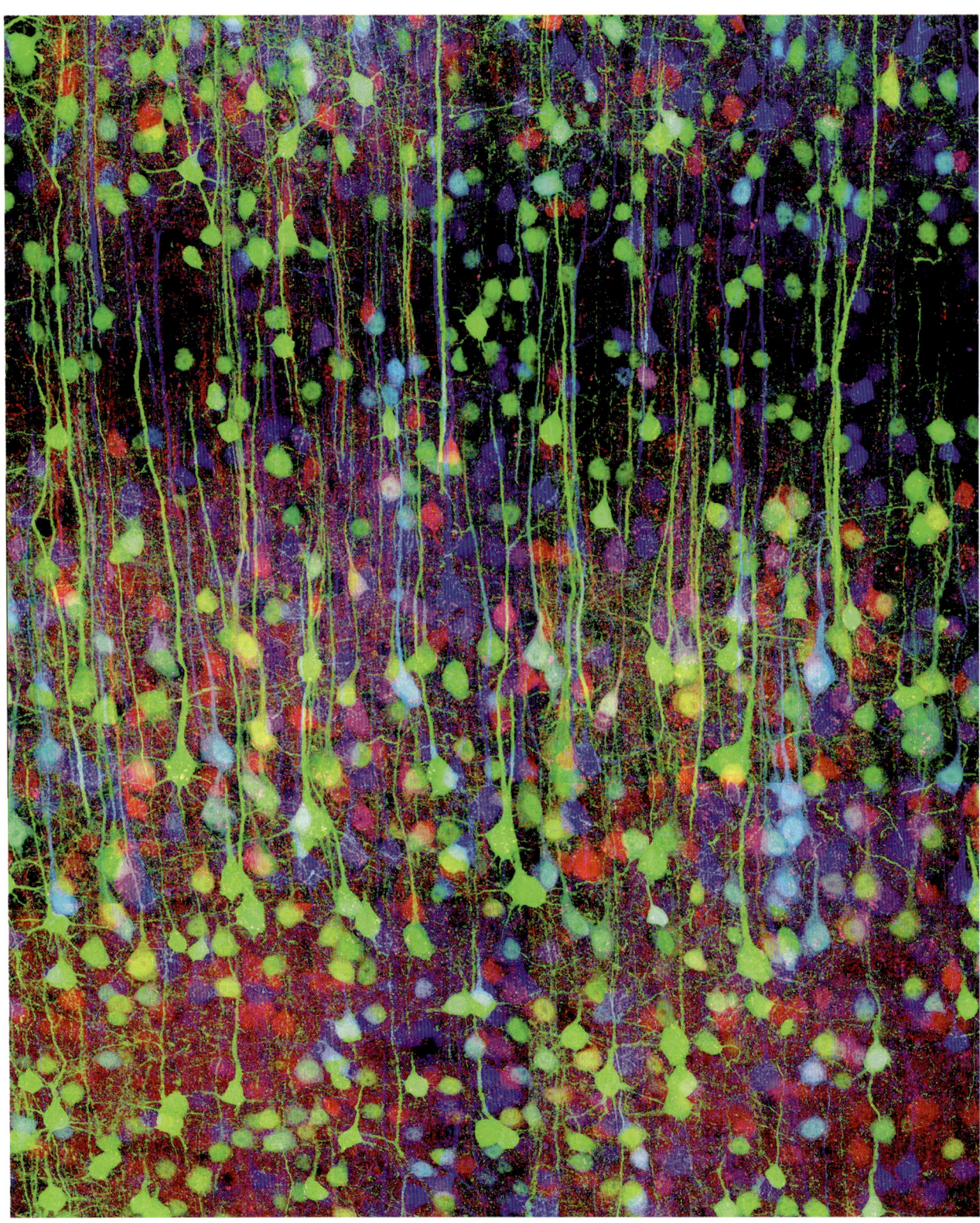

지금 우리가 보는 아름다운 뇌

재닛 M. 듀빈스키

산티아고 라몬 이 카할은 자신이 관찰한 것을 설명하는 일과 과학적 주장을 펼치는 일 둘 모두에 그림을 활용했다. 그의 절묘한 그림은 유럽의 다른 신경해부학자들에게 그가 얻은 결론을 납득시키는 데 도움이 되었고, 라몬 이 카할이 쓴 글을 보면 그 또한 그림이 지닌 설득의 힘을 분명히 알고 있었던 것 같다. 놀랍도록 강렬한 이미지와 그 이미지가 설명하는 원리는 쉽사리 잊히지 않는다. 그가 그린 그림의 구성과 명료성은 과학적 내용에 미적 감성과 섬세함, 정서적인 호소력을 더해주었다. 라몬 이 카할이 활동하던 시대보다 복잡한 시각화 도구들을 사용할 수 있고, 여러 과학자로 이루어진 연구팀과 훨씬 더 많은 자원의 뒷받침을 받으며 실험실을 운영하는 오늘날의 신경과학자들 역시 관찰 결과를 전달하고 주장을 펼치려면 (손으로 그린 이미지가 아닌 디지털) 이미지를 만들어야 한다. 이들 역시 그 이미지에 정서적인 호소력을 부여하기 위해 시각적 전략을 사용한다. 이 글에서는 지난 수년간 현대의 신경과학자들이 뇌에 관해 보여주고자 했던 내용을 담아 만든 이미지들을 소개한다.

라몬 이 카할은 신경계를 구성하는 세포 구조에 초점을 맞췄다. 그는 현미경적 수준에서, 그러니까 작게는 1마이크로미터(μm, 1000분의 1밀리미터) 정도의 세포 미세 구조부터 크게는 100마이크로미터(보통 굵기의 머리카락 지름) 이상의 전체 세포를 볼 수 있는 해상도에서 작업했다. 오늘날의 신경과학자들은 라몬 이 카할이 그랬던 것처럼 세포 수준에서도 작업을 이어가고 있지만(196쪽, 200쪽), 그가 할 수 없었던 수준에서도 뇌를 관찰한다. 전자현미경 덕분에

모든 뉴런이 무작위로 생성된 색으로 표현되도록 유전자를 조작한 생쥐의 피질*

뉴런과 뉴런의 모든 가지돌기, 축삭돌기, 뇌 속 정보처리를 위한 신경망들이 서로 얽혀 연결되어 있다. 색을 입혔는데도 개별 세포들이 만들어내는 이 공간의 복잡성을 온전히 따라잡기란 쉽지 않다. 축삭돌기와 가지돌기가 매우 밀집된 채 상호작용하는 영역에서는 거의 인상주의 회화처럼 다양한 색상이 섞여 아이러니하게도 회색처럼 보인다. 생체 조직으로 볼 때, 회색질이라 불리는 피질은 뇌의 여러 부분을 연결하는 축삭돌기 다발로 이루어진 백색질에 비해 더 어두운색을 띤다.

* 형광 단백질(fluorescent protein)을 발현하도록 유전적으로 조작한 것으로, 형광 현미경에서 특정 파장의 빛을 비췄을 때 다양한 색깔로 보일 뿐 생체 상태의 뇌는 회백색으로 보인다.

이제 훨씬 작은 규모에서 세포 내부 구조물과 구성 성분 사이의 상호작용, 시냅스, 개별 단백질 분자(0.1~0.0001마이크로미터, 202쪽과 204쪽)를 살펴볼 수 있다. 그리고 훨씬 더 큰 규모에서는 발전된 자기공명영상(MRI) 기술을 통해 살아 있는 사람의 전체 뇌(약 0.1~20cm, 206쪽과 207쪽)를 비침습적으로 촬영할 수도 있다.

다양한 수준에서 제기되는 과학적 질문들은 뇌 기능의 서로 다른 측면을 탐구한다. 세포 수준에서는 소규모 뉴런 무리의 상호 연결성을 조사함으로써 뉴런이 입력된 정보를 필터링하고 조합해 다음 정보처리 단계로 보내는 방식을 연구한다. 시냅스 수준과 분자 수준에서는 뉴런이 (라몬 이 카할이 '긴밀한 연결'이라 불렀던) 시냅스에서 전기신호와 화학 신호를 어떻게 변환하고 전달하는지를 관찰한다. 전체 뇌 수준에서는 보통 임상적으로 MRI를 활용하여 건강하거나 병든 뇌의 구조적 형태를 탐색한다. 나아가 우리는 특정 기능을 작동시키는 신경망을 파악함으로써, 뇌가 생각과 행동을 어떻게 만들어내는지도 살펴보기 시작했다.

같은 시대 사람들로 각각 신경생리학과 심리학 분야를 개척한 찰스 스콧 셰링턴 경과 윌리엄 제임스^{William James}와 달리, 라몬 이 카할이 할 수 없었던 한 가지는 살아 있는 뇌가 활동하는 모습을 관찰하는 것이었다.[•] 그렇지만 그는 뇌의 발달과 성장, 그리고 외상 후에 일어나는 퇴화와 제한적 재생도 연구했다. 이 모든 측면이 신경계의 작동 방식에 관한 그의 관점을 형성했다. 오늘날 우리는 실험 대상인 사람이나 동물이 정신적·신체적 과제를 수행하는 동안 실시간으로 뇌의 전기적·화학적 활동을 모든 수준에서 관찰하고 수량화하는 새로운 기술들을 끊임없이 발명하고 있다. 현대 신경과학은 라몬 이 카할이 묘사했던 신경계의 구조가 어떻게 수많은 기능과 행동을 만들어내고 이를 뒷받침하는지 알아내는 일에 중점을 두고 있다.

세포 수준

19세기 말과 20세기 초에 라몬 이 카할은 신경계 세포들의 미세한 구조를 가시화하기 위해 현미경학과 조직학 기법을 응용하고 발명했다. 오늘날의 시각화 도구와 기술은 20세기의 생물학 및 약리학, 컴퓨터과학, 공학의 성과를 바탕으로 발전해왔다. 예컨대 유전공학을 활용하면, 빛을 받을 때 서로 다른 형광색을 발하는 단백질을 특정 세포에 심을 수 있다. 바로 이 기술을 활용해 뇌의 뉴런에 빛을 밝힌 결과 신경계의 아름다움과 복잡성을 표현하는 이미지 하

• 이 문장은 라몬 이 카할이 고정된 뇌 조직을 연구했다는 점을 강조할 뿐, 당시 셰링턴과 제임스가 살아 있는 뇌를 직접 볼 수 있었다는 말은 아니다. 셰링턴은 살아 있는 동물의 신경을 자극하고 그 반응을 관찰하는 식으로 신경계의 반응과 기능을 연구했으며, 제임스는 경험적·심리적 관찰을 통해 뇌와 정신의 관계를 분석했는데, 이를 두고 이들이 "살아 있는 뇌가 활동하는 모습을 관찰"했다고 표현한 것 같다.

나가 탄생했다. 브레인보우Brainbow 생쥐라 불리는 이 이미지는 196쪽에서 볼 수 있다.[40] 이 그림에서는 피질에 들어찬 뉴런들이 대략 100가지에 이르는 형광 무지갯빛 색을 발하며 밀집된 피질 환경을 드러낸다. 이상적으로는 이 기술을 사용해 수많은 뉴런 숲에서 뉴런 하나의 자취를 처음부터 끝까지 추적할 수 있어야 하지만, 이는 광학현미경 기술로는 이루기가 매우 어려운 일이다.

더 적은 수의 색을 사용하고 표적을 더 좁힌 기술은 특정 신경 회로의 뉴런을 식별하는 데 자주 활용된다. 어느 실험에서는 교묘하게 디자인한 바이러스를 생쥐의 피질 속 뉴런 하나에 주입했는데, 이 바이러스는 해당 뉴런을 분홍으로 물들이고 그 뉴런에 정보를 보내는 뉴런은 모두 초록으로 물들였다(200쪽).[41] 라몬 이 카할은 어떤 종류의 뉴런들이 서로 대화를 나누는지 추론할 수 있었지만(예를 들어 127쪽을 보라), 특정 뉴런 하나와 연결되는 모든 개별 뉴런을 식별할 수는 없었다. 뉴런이 활동함에 따라 광도가 변하는 형광 단백질도 개발되었다. 이런 표지자를 사용하면 우리는 실험 대상이 현미경 아래에서 특정한 행동을 하는 동안 뉴런의 활동을 측정할 수 있다.

200쪽 이미지를 만들어낸 실험에서는 그림 속 모든 뉴런이 또 다른 색의 단백질(이 사진에서는 보이지 않는다)도 발현하도록 처리했는데, 이 단백질은 뉴런에서 전기적·화학적 활동이 일어나는 시간에 따라 광도가 변한다. 생쥐가 화면을 가로지르는 줄무늬를 보는 동안, 초록 뉴런에서 분홍 뉴런으로 들어가는 정보의 흐름이 기록되었다. 이런 실험은 한 무리의 뉴런이 정보를 어떻게 조합하고 필터링하여 다음 뉴런 무리로 전달하는지를 보여주는데, 이는 뇌가 어떻게 마음을 만들어내는지를 밝히는 데 핵심적인 과정이다. 라몬 이 카할은 피질 속 뉴런의 복잡한 연결을 그림으로 그릴 수 있었지만, 살아 있는 뇌에서 시간의 흐름에 따라 일어나는 전기적 활동을 실제로 보고 측정할 수단은 갖지 못했다.

시냅스 수준과 분자 수준

뉴런 사이의 연결은 피질 부피의 90퍼센트 이상을 차지한다. 오늘날 신경과학이 직면한 크나큰 과제 중 하나는 이렇게 뒤죽박죽 정신없이 섞여 있는 것처럼 보이는, 빽빽하게 들어찬 세포와 시냅스 속에서 패턴이나 규칙을 찾아내는 일이다. 커넥톰connectome을 정의하려는 최근의 노력 뒤에는 바로 이러한 탐구 과제가 자리하고 있다. 커넥톰이란 뇌 속 모든 뉴런 사이의 연결을 지도

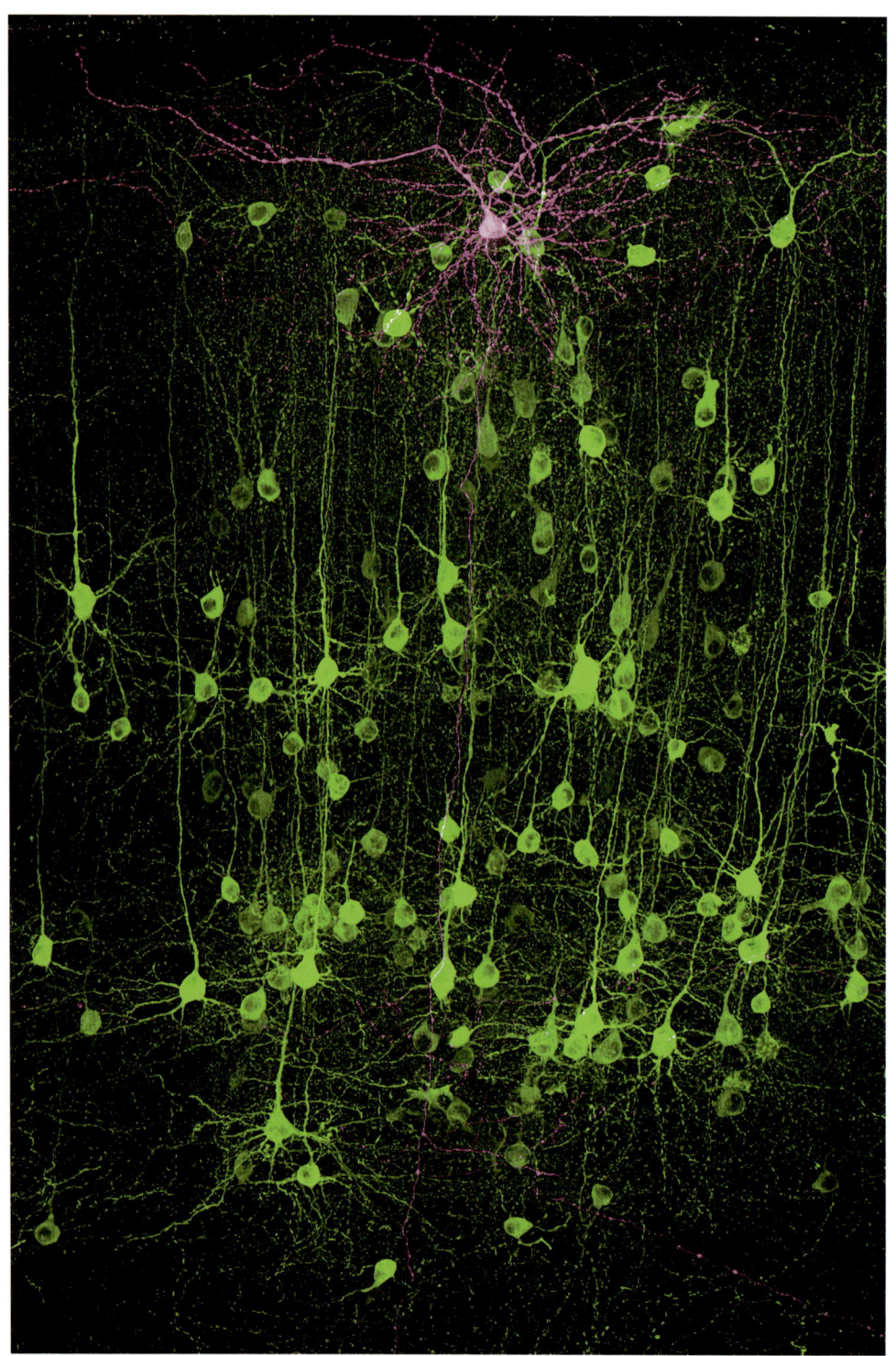

뉴런 하나에 집중되는 입력들

생쥐 피질의 이 단면에서 분홍 뉴런은 모든 초록 뉴런들에게서 입력을 받는다. 분홍 뉴런에서 뻗어나간 신경돌기는 대부분 가지돌기, 즉 신호를 입력받는 부분이다. 분홍 가지돌기에서 좀 더 볼록하게 보이는 지점들은 아마도 입력 시냅스들이 있는 자리, 바로 가지돌기가시들일 것이다. 분홍 축삭돌기는 초록 뉴런들 사이를 가로질러 내려가다가 결국 이미지 바깥까지 뻗어나간다.

이 축삭돌기에서 더 밝은 지점들은 색깔 발현 단백질을 갖고 있지 않아 어둠 속에 묻혀 있는 뉴런들과의 사이에서 형성된 시냅스일 것이다. 초록 뉴런의 축삭돌기는 수많은 가지돌기에 섞여 있어 찾아내기가 더 어렵다. 이 영역에서 초록 뉴런의 밀도는 196쪽에 실린 전체 뉴런의 밀도에 비해 낮은데, 이는 곧 모든 뉴런이 분홍 뉴런과 연접을 형성하지는 않는다는 것을 보여준다.

로 그려내는 것이다. 커넥톰 프로젝트의 목표는 뉴런들끼리 정보를 주고받는 장소인 시냅스를 세밀하게 조사하는 것부터 빅데이터를 활용해 전체 뇌가 기능하는 방식에 관한 새로운 통찰을 얻는 것까지 다양하다. 이렇게 얻은 지식은 정신 질환과 신경계 질환 치료에 활용될 수 있다.

커넥톰 실험 중 어떤 것은 생쥐 피질의 작은 조각 안에 존재하는 모든 시냅스를 재구성하는 것을 목표로 한다. 이 실험에서는 자동화된 공정에 따라 생쥐의 피질 조직을 0.03마이크로미터 두께로 매우 얇게 자르고, 각 절편을 전자현미경을 사용해 순서대로 촬영해 이미지화한다. 빛 대신 전자를 사용하면 이미지의 해상도가 높아져 개별 단백질을 거의 식별해낼 정도여서 라몬 이 카할이 볼 수 없었던 뉴런 내부 구조와 뉴런 사이의 공간까지 포착할 수 있다. 각 이미지를 차례로 쌓아 삼차원 이미지로 만들었을 때 서로 꼬이고 구부러지며 뻗어나가는 개별 축삭돌기와 가지돌기의 경로를 처음부터 끝까지 따라갈 수 있도록 뉴런마다 각자 다른 색을 입힌다. 그런 다음 인공지능을 활용한 컴퓨터 프로그램으로 이미지 더미 속을 들여다보면서 이 구조물들의 삼차원 모습을 재구성한다. 컴퓨터 프로그램이 어느 경로를 따라갈지 결정하지 못할 때는, 과학자와 과학에 관심이 많은 일반인이 참여해 수동으로 경로 추적 과제를 수행함으로써 인간과 컴퓨터의 협업을 이뤄낸다.[42] 이 과정에는 여러 가지 아이러니가 존재한다. 인간이 뇌의 작동 방식에 관한 지식을 기반으로 컴퓨터에게 의사결정을 내리도록 가르치고(즉 프로그래밍하고), 이렇게 훈련한 컴퓨터가 뇌 속 뉴런의 개별 연결에 대한 인간의 이해를 높이기 위해 일하는 셈이니 말이다.

이 방법으로 피질의 작은 영역을 재구성하는 일은 몹시 고되다(202쪽 참고).[43] 그런 영웅적인 노력 덕분에 우리는 축삭돌기가 마주치는 모든 가지돌기와 시냅스를 형성하지는 않는다는 사실을 알게 되었다. 피질에서 뉴런 사이의 연결은 표적에 맞춰 특정한 방식으로 이루어지는 것으로 보이는데, 어떻게 그렇게 되는지는 아직 모른다. 이 의문을 계속 풀어나가려면, 서로 다른 개개인의 수많은 세포에 걸쳐 나타나는 가변성을 검토할 필요가 있다. 이는 만만치 않은 과제다. 이런 대규모 프로젝트들에 다수의 연구팀이 쏟은 시간과 노력을 생각하면, 라몬 이 카할이 매일 규칙적으로 관찰하고 숙고하고 그림을 그려 이뤄낸 종합적 결과는 더욱 놀라운 성취로 여겨진다.

현대 신경과학의 중심 원리는 시냅스를 통한 정보 전달의 유연성이다. 라몬 이 카할은 이 전달 지점 혹은 "긴밀한 연결점"이 존재한다는 인식을 확립했지만, 그가 축삭돌기와 가지돌기 사

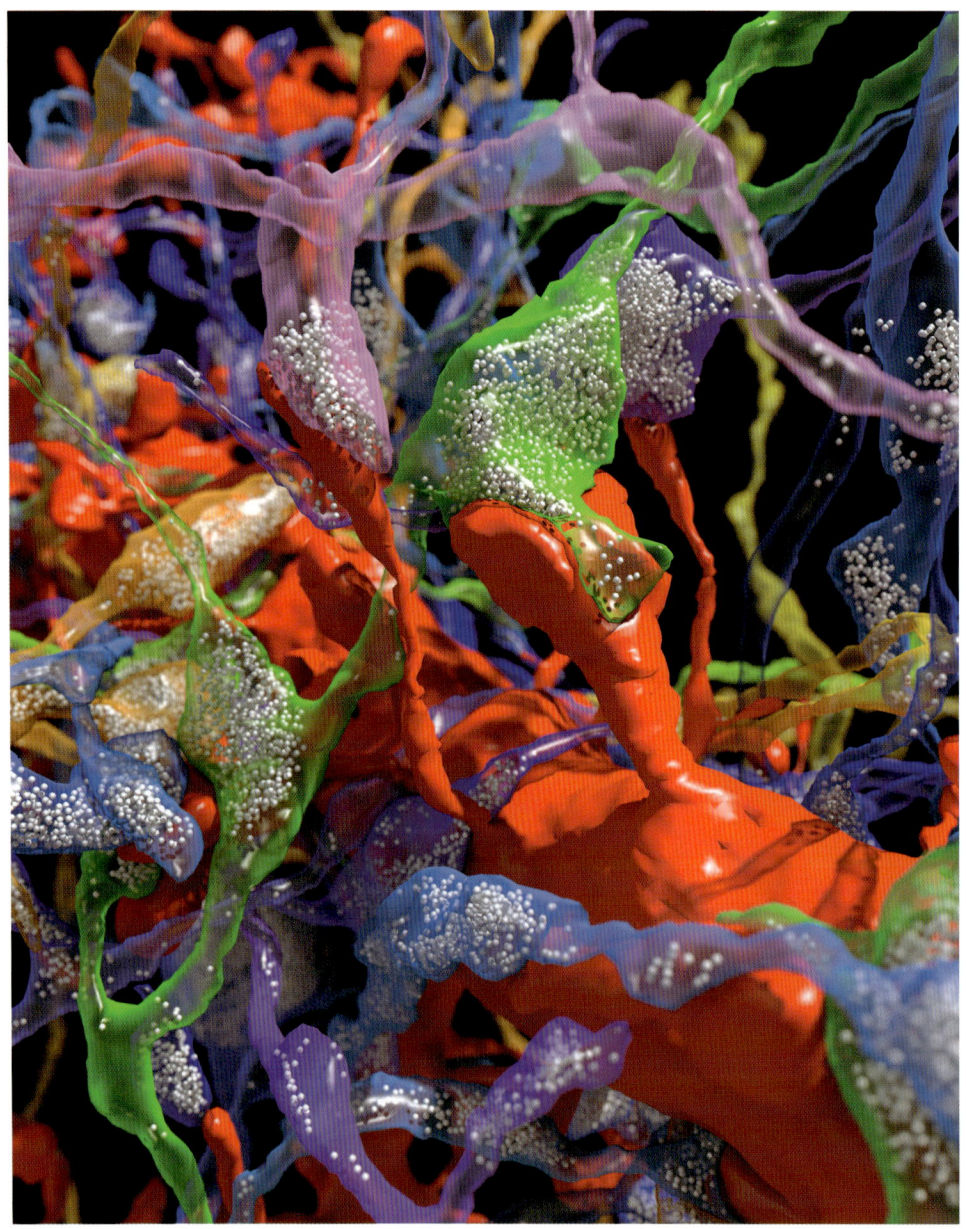

피질 뉴런 가지돌기 하나에 난 몇몇 가시들의 시냅스를 3차원 이미지로 표현한 것

이 디지털 이미지는 생쥐 피질의 가지돌기 하나와 그 주변의 축삭돌기들을 연속절편전자현미경사진들로 재구성한 것이다. 빨간색 가지돌기가 오른쪽 아래에서부터 이미지를 가로지른다. 가지돌기가시(중앙의 빨간색 덩어리)의 높이는 약 1마이크로미터다. (투명한 색색의) 축삭돌기 가지에는 각 시냅스에서 화학적 메시지를 분비하는 시냅스 소포(vesicle, 작고 하얀 구체)들이 들어 있다. 시냅스는 사용하거나 사용하지 않음에 따라 강해지거나 약해지는데, 바로 이 속성이 분자 수준에서 학습이 이루어진다는 점을 뒷받침한다. 이러한 가변성을 시냅스 가소성(plasticity)이라고 하며, 라몬 이 카할은 이를 정신적 기능에 필수적인 성질로 보았다. 가소성은 그가 망상 이론에 반론을 펼칠 때 주된 논거 중 하나였다. 이 이미지를 만든 연구자들은 밝은색 돌기들의 표면을 빛이 반사되는 것처럼 표현하여 플라스틱 같은 질감을 냈다. 시냅스처럼 플라스틱도 무수히 많은 형태로 만들어낼 수 있다.●

● 플라스틱은 열과 압력을 가해 어떤 모양으로든 만들 수 있다 하여 붙은 명칭이다. 어원은 "주조할 수 있는, 빚어서 모양을 만들 수 있는"이라는 의미의 그리스어 plastikos다. 가소성(可塑性)의 소도 '빚다, 형태를 만들다'로 같은 뜻이다.

이의 공간을 현미경으로 볼 수 있었던 것은 아니다. 그래도 뉴런 사이에 이런 연접 지점이 존재한다는 사실은 이 공간을 가로지르는 소통 메커니즘도 반드시 존재해야 함을 암시했다. 그래서 라몬 이 카할은 시냅스가 역동적으로 변화하면서 우리의 삶을 구성하는 성장, 학습, 경험을 뒷받침하는, 신경계에서 가장 가변적인 부분으로 밝혀질 것이라는 가설을 세웠고 이 가설은 적중했다. 그리하여 뉴런의 전기신호를, 시냅스를 가로지르는 화학적 메시지로 변환하는 분자 수준의 메커니즘을 알아내는 것이 지난 사반세기 동안의 가장 중요한 과제였다. 분자 수준에서 신경 말단을 탐색하는 일에 수많은 기술이 활용되었다. 화학자들은 유전 정보와 결정학적 정보•를 활용하여 개별 단백질 모형을 구축했다. 또 신경 말단에 각 단백질의 양이 얼마나 되는지 측정하는 기법도 생겨났다. 전자현미경으로 만들어낸 매우 상세한 신경 말단의 이미지들은 신경 말단 내부 구조물들 사이의 관계를 밝혀준다. 지금은 이 모든 기술과 연구가 결합되어, 화학적 메시지가 분비되는 신경 말단을 분자적 수준에서 볼 수 있게 되었다(204쪽••).**44**

204쪽 이미지는 라몬 이 카할의 그림들처럼 동적인 구조물의 한순간을 포착해 정적으로 보여준다. 이는 202쪽 이미지에서 작고 하얀 알갱이로 표현된 소포가 들어 있는 투명한 축삭돌기 중 하나다. 이 신경 말단 내부의 물속 같은 환경에서 단백질들이 부유한다. 그중 일부는 한데 엮인 채 전기신호가 도착하면 합동 작업을 수행할 준비를 하고 있다. 일단 전기신호가 도착하면 이 가운데 일부 단백질이 화학적 메시지(신경전달물질)를 품은 소포들을 시냅스 쪽으로 데려간다. 이미지 하단에 밝은 빨강으로 표시된 영역이 시냅스다. 시냅스에 도착하면 소포는 세포막과 융합하고, 이어서 뉴런 사이의 좁은 공간에 내용물을 쏟아낸다. 이 신경전달물질들은 0.1마이크로미터 정도의 틈새 공간을 가로질러 다음 뉴런의 가지돌기 세포막에 있는 단백질(이 이미지에서는 보이지 않는다)과 결합하여 신호를 전달하고 이 신호를 받은 뉴런 내부에 전기신호를 촉발한다. 시냅스를 통한 이 화학적 커뮤니케이션은 몇천 분의 일 초 만에 완료된다. 신경전달물실을 비워낸 소포의 새활용도 그만큼 신속히 진행될 수 있고, 아니면 1분 넘게 걸릴 수도 있다. 인간이 단순한 의도적 행동 하나를 하는 데 수백만 개의 시냅스가 협력한다. 그 행동을 더 많이 연습할수록 시냅스의 단백질 메커니즘은 더 효율적으로 작동하고, 시냅스 신호도 더 강해진다. 새로운 시냅스가 생거나고 쓰지 않는 시냅스는 움츠러든다. 이러한 미묘한 분자 및 구조의 변화가 우리에게 학습과 기억에 필요한 가소성을 제공한다.

• 여기서 말하는 "결정학(crystallography)적 정보"란 단백질 결정에 X선을 쏘아 얻은 회절 패턴을 수학적으로 분석하여 얻은 데이터로, 단백질의 3차원 구조, 즉 원자 좌표, 결합, 접힘 패턴 등을 말한다.

•• 흰 동그라미들은 신경전달물질을 품고 있는 소포이며, 색색의 섬유처럼 보이는 것들은 소포를 말단으로 이동시키고 신경전달물질을 방출하고 다시 소포를 회수하는 과정을 담당하는 여러 단백질이다. 그중 빨간 원통 모양은 미세소관으로 소포와 세포소기관들의 이동을 돕고 세포골격을 유지하는 등의 역할을 한다.

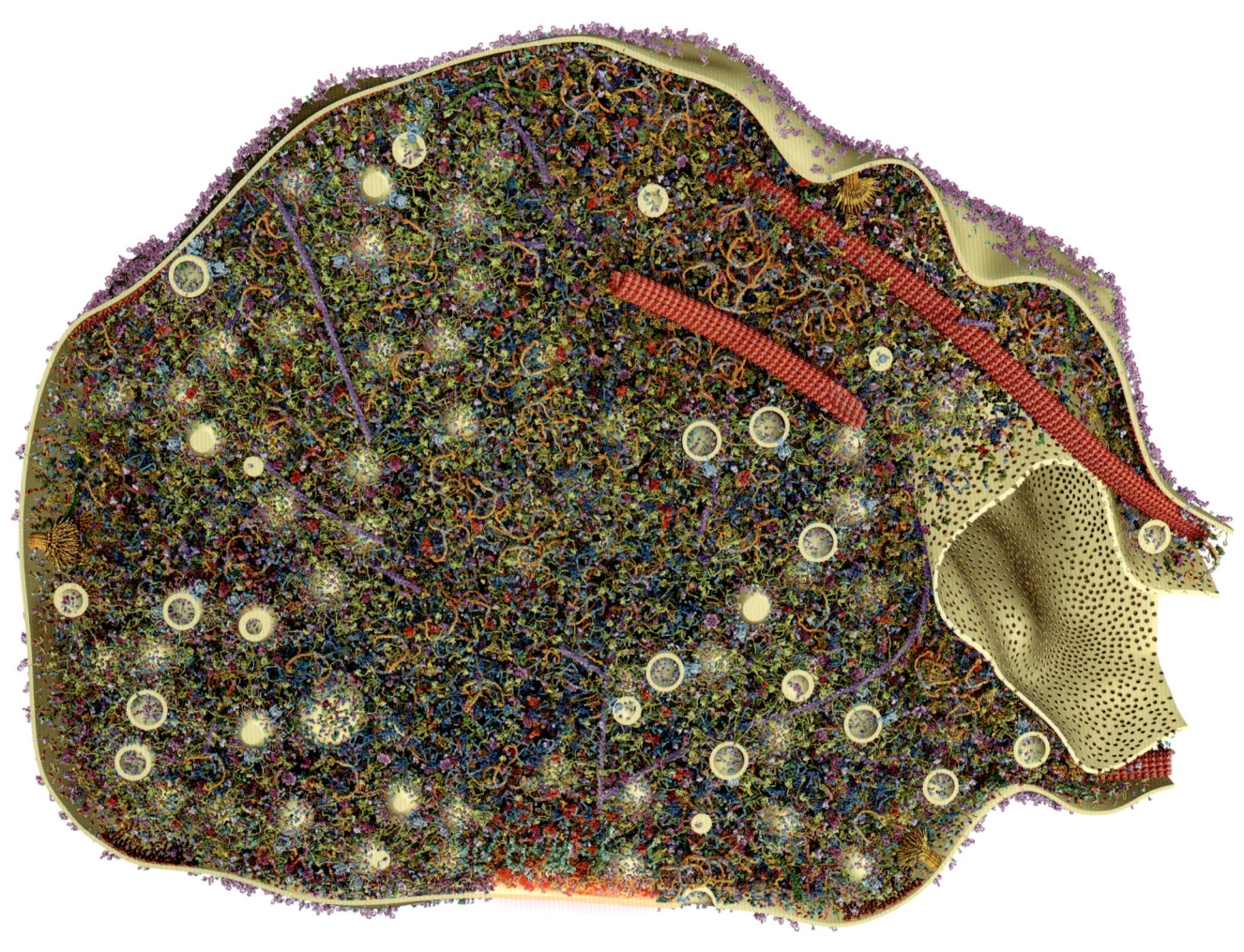

신경 말단의 종단면

축삭돌기의 끝부분을 재구성한 이 디지털 이미지는 신경 말단에 들어 있는 600가지 가장 흔한 단백질들의 형태와 크기, 비율과 위치를 정확히 포착해 묘사한다. 이미지 하단의 불그스레한 부분이 시냅스의 위치를 나타낸다. 전기신호가 신경 말단에 도착하면 하얀 소포에 담겨 있던 신경전달물질이 시냅스로 방출된다. 이 과정은 여기 있는 수많은 단백질이 함께 협력하고 조율해 이뤄내는 정교한 춤과 같다. 시냅스 오른쪽에 작고 오목하게 들어간 자리 주변의 단백질들은 소포들을 회수하고 재활용하고 다시 그 속을 채워 넣는 일을 한다. 신경 말단은 높이 약 0.6마이크로미터, 너비 약 1마이크로미터이며, 이 축삭돌기는 오른쪽으로 계속 뻗어가는 중이다. 그림 오른쪽에 속이 비고 동그란 점들이 박힌 흰 막은 미토콘드리아인데, 이 이미지에서는 미토콘드리아의 내부 구조는 묘사되지 않았다.

전체 뇌 수준

궁극적으로 '뇌가 어떻게 정신을 만들어내는가' 하는 질문에 답하려면, 통제된 환경에서 측정이 가능한 행동을 수행 중인 사람의 뇌를 연구하는 방법밖에 없다. 확산텐서영상diffusion tensor imaging, DTI 등 첨단 자기공명영상 기법을 사용하면 건강한 뇌와 질병에 걸린 뇌를 비침습적으로 촬영할 수 있다. 구조적 자기공명영상은 207쪽에 있는 회색 단면들에서 보이는 회색질(세포체와 가지돌기가 있는 영역)과 백색질(축삭돌기, 즉 신경섬유가 있는 영역)을 정밀하게 분리해 보여준다. 이 영상에 추가적인 처리를 하면, 206쪽의 이미지처럼 뇌에서 멀리 떨어진 부분들을 서로 연결하는 신경섬유 혹은 축삭돌기 다발의 모습을 삼차원으로 볼 수 있다. 확산텐서영상은 축삭돌기 안에 있는 물 분자들의 움직임을 추적함으로써 이 긴 섬유 다발을 '보여준다'. 이 신경섬유들을 시각화하면 뇌의 여러 부분을 연결하는 정보 고속도로가 항상 활발히 활동하고 있음을 다시금 확인할 수 있다.

인간의 복잡한 행동에 어떤 뇌 영역들이 관여하는지 밝히기 위해 과학자들은 구조적 뇌 영상(207쪽)과 기능적 뇌 영상의 측정 결과를 조합한다.[45] 우선 실험 참가자가 화면을 보면서 버튼을 누르는 게임 같은 인지 과제를 수행한다. 게임을 하는 동안 신경 활동이 많은 뇌 영역에는 에너지도 더 많이 필요해지고, 이 에너지를 공급하기 위해 그 영역에 혈류량이 증가한다. 기능적 자기공명영상(fMRI)으로 혈류가 어디서 증가하는지 측정하면 해당 생각이나 행동을 생성하는 일에 관여하는 뇌 영역이 어디인지 알 수 있다. 혈류가 증가한 영역들은 구조적 뇌 영상 위에 색으로 겹쳐져 표시된다. 현재 뇌 전체에 대해 이런 기능적 영상을 만드는 데는 1초도 안 걸린다. 이는 뉴런의 전기신호가 이동하는 속도(1000분의 1초)만큼 빠르지는 않지만, 계획을 세우거나 결정을 내리거나 고민하는 동안 뇌 영역들이 어떤 활동을 하는지 검토할 만큼은 충분히 빠른 속도다.

여러 연구소의 많은 연구에서 생성된 데이터는 참가자가 팔다리를 움직이거나, 셈을 하거나, 소리를 듣거나, 추론하거나, 감정적으로 반응하는 등의 과제를 수행할 때 활성화되는 뇌 영역들 사이의 일관된 패턴을 보여준다. 지금 우리는 뇌의 특정 영역이 단독으로 활성화하는 일은 거의 없다는 것을 알고 있다. 특정 행동은 일련의 영역들이 서로 함께 활동한 결과 일어나며, 이렇게 함께 활동하는 영역을 일컬어 신경 네트워크라고 한다. 신경 네트워크는 행동할 때도 활성화되지만 쉬고 있을 때도 활성화되는 것으로 보인다. 라몬 이 카할이 너무나 꼼꼼하게 추적했으며

(115쪽, 132쪽, 146쪽 참고) 확산텐서영상으로 시각화한(아래 그림), 뇌 영역 사이를 가로지르는 축삭돌기 다발들의 경로는 끊임없이 변화하는 신경 네트워크의 활동을 위한 해부학적 기반 시설이다(207쪽). 시간에 따른 활성화 상태의 변화를 포착한 fMRI 영상을 컴퓨터로 분석하면 신경 활성화 패턴을 얻을 수 있는데, 이 분석법은 패턴만 보고도 실험 참가자가 무슨 생각을 하고 있는지 대략 알아낼 정도로 충분히 정교하다.

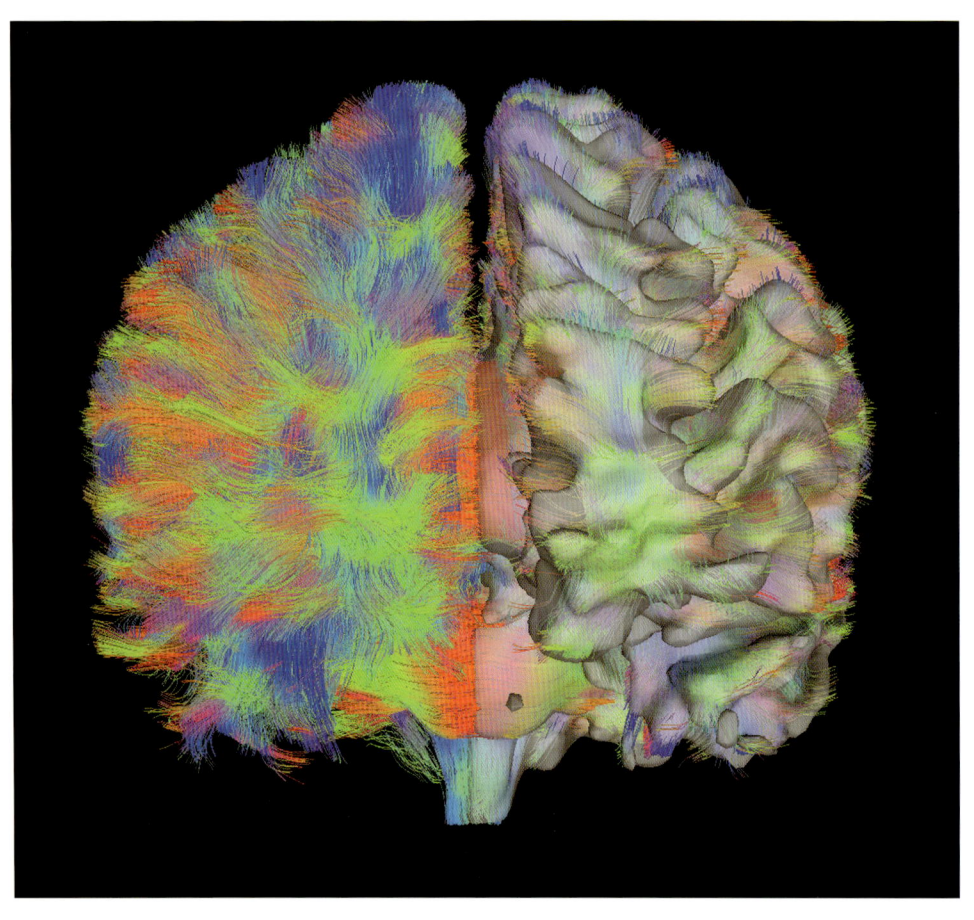

뇌의 서로 다른 영역을 연결하는 백색질의 신경섬유들을 앞쪽에서 본 모습•

각 선들은 평행으로 뻗어가는 축삭돌기 다발을 나타낸다. 이런 다발을 신경섬유(nerve fiber)라고 한다. 그림 왼쪽에 보이는 것이 뇌의 백색질을 구성하는 신경섬유들이다. 오른쪽에는 회색질이 끝나고 백색질이 시작되는 경계선을 나타내는 접힌 층이 겹쳐져 있다. 이 경계면 위로 뻗어 있는 섬유들은 피질의 회색질로 들어가거나 나가는 축삭돌기다. 각 신경섬유가 이동하는 방향이 여러 색으로 표시되어 있다. 초록은 앞(코)에서 머리 뒤로 가며, 빨강은 왼쪽에서 오른쪽으로, 파랑은 정수리 위에서 아래(턱 밑)로 향한다. 그 밖의 다른 색깔들은 이러한 주요 방향의 조합이나 비스듬한 각도로 이동하는 섬유를 나타낸다.

• 신경섬유는 축삭돌기를 말이집(미엘린)이 감싼 구조를 말한다. 신경섬유가 뻗어 있는 영역인 백색질이 세포체가 모여 있는 회색질보다 희게 보이는 것은 말이집이 희기 때문이다.

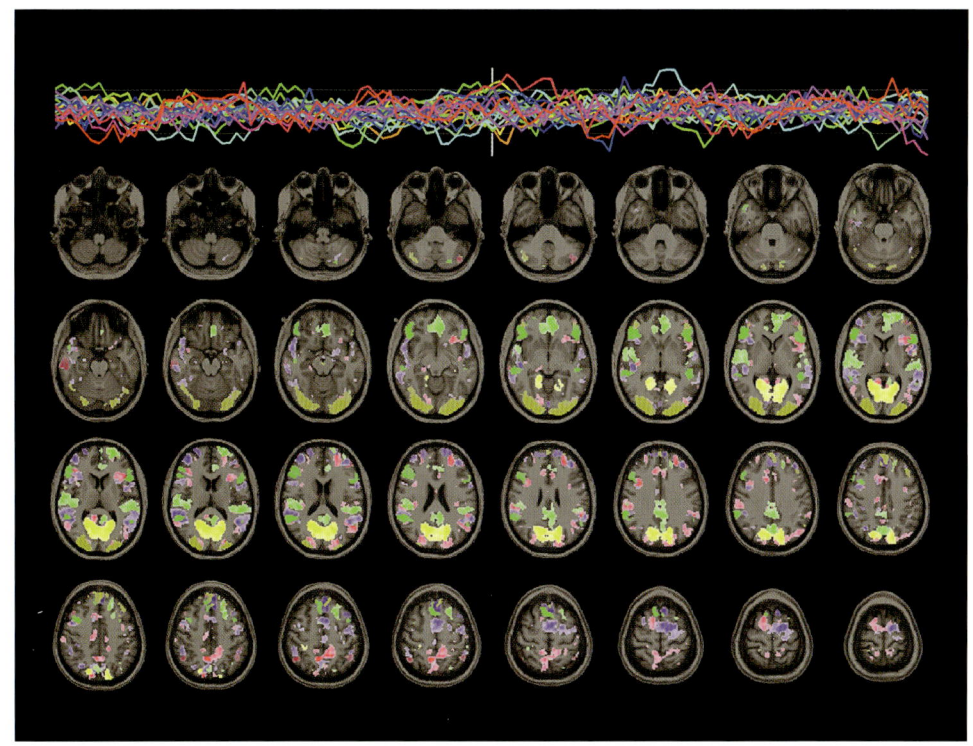

뇌의 여러 영역은 쉬고 있을 때조차 동시에 활동한다

짧은 시간 안에 신속하게 수집된 이 일련의 fMRI 영상들은 깨어는 있지만 휴식을 취하고 있는 동안 활성화된 뇌 영역들을 보여준다. 실험 참가자들은 몽상하고 있었을 수도 있고 자기가 원하는 뭔가를 생각하고 있었을지도 모르지만, 연구자들에게서 특정한 정신적 과제를 수행하라는 지시를 받지는 않은 상태였다. 위의 복잡한 선들은 시간의 흐름에 따른 뇌 영역들의 활동 추이를 fMRI로 기록한 것이다. 실험 참가자의 뇌를 수평 단면으로 담아낸 구조적 뇌 영상들이 뇌의 맨 아랫부분(왼쪽 맨 위 이미지)부터 정수리(오른쪽 맨 아래 이미지)까지 순서대로 배열되어 있다. 영상에 색깔로 표시된 부분들은 흰색 선으로 표시된 순간에 평균 범위를 벗어나는 기능성 활동이 일어난 영역을 나타낸다. 두 줄의 회색 가로선은 평균적인 활동이 나타난 범위다.

    라몬 이 카할이 세포 회로에서 신호를 전달하는 개별 단위가 뉴런임을 알아낸 이후 한 세기 동안 신경과학은 꾸준히 발전했다. 우리는 이제 라몬 이 카할이 지닌 도구들로 볼 수 있었던 것보다 뇌 속의 더 많은 것을 '볼' 수 있다. 또한 그가 확인했던 뉴런과 시냅스가 몸 속 공간에서 어떻게 신호를 주고받는지를, 완벽하지는 않아도 미세한 분자 수준에서 이해하게 됐다. 하지만 개개인의 경험에 따라 다를 뇌 전체의 '배선도'인 커넥톰은 아직 완전히 해독하지 못했다. 물과 기름, 작은 분자들, 단백질로 이루어진 1.4킬로그램의 뇌가 적은 에너지를 사용하면서 어떻게 그토록 많은 계산을 수행해내는지 우리는 알지 못한다. 뇌가 어떻게 정신을 만들어내는지도 완전히 이해하지 못한다. 21세기를 살아가는 우리가 던지는 과학적 질문과 목표는 여러 면에서 라몬 이 카할이 던졌던 질문과 크게 다르지 않다. 그것은 바로 "정신생활의 비밀을 명확히 밝혀내는" 것이다.[46]

감사의 말

산티아고 라몬 이 카할은 현대 신경과학의 창시자 중 한 사람이다. 뇌의 기능과 구조에 관한 현대의 지식에 그가 한 기여는 과학 문헌에서 널리 언급되지만, 예술적 기량과 과학적 통찰이 보기 드물게 융합된 꼼꼼한 그림들은 그만큼 잘 알려지지 않았다. 그런 차에 카할 연구소가 보유하고 있는 그의 그림들 가운데 대표적인 일부를 미네소타대학교 와이즈먼 미술관과 함께 소개하게 되어 대단히 기쁘다. 와이즈먼 미술관이 기획한 이번 전시 및 출판은 현대 과학이 처음으로 인정한 신경계의 아름다운 구조에 관한 묘사를 과학자 공동체에, 그리고 바라건대 대중에게도 널리 보여줄 수 있는 완벽한 기회다. 이 프로젝트를 기획하고 주최한 대단히 의욕적인 사람들과 함께, 우리 카할 연구소는 라몬 이 카할의 유산을 소개하는 이 일부 작품들이 그의 그림을 처음으로 보는 사람들에게 미학적 경험으로 다가갈 것이라 확신한다. 과학과 예술은 종종 함께 가는 길동무이니 말이다.

이냐시오 토레스 알레만 박사

카할 연구소 소장

스페인고등과학연구위원회(CSIC)는 다학제 연구를 위해 만들어진 스페인의 가장 큰 공공기관이자 유럽에서 셋째로 큰 기관으로, 스페인의 경쟁력을 높이고 과학과 교육과 경제의 발전을 증진하는 것을 목표로 한다. 전국 132군데 센터와 기관에서 1만 2000명이 넘는 사람들이 연구를 진행 중인데, 이중 상임연구원만 3천 명이 넘고 연구 용역 계약을 맺은 박사와 연구자의 수도 그 정도에 달한다. CSIC는 또한 수많은 전략적 국가 연구기관과 국제 연구기관 들을 관리하며 다수의 대학, 기술 센터, 병원, 비영리기관과도 긴밀한 협력 관계를 맺고 있다. CSIC는 연구 개발 계약 및 기술 이전 활동을 통해 생산 부문과도 연결을 맺고 있으며, 라틴아메리카 대학들과의 협업 프로젝트 및 공동 출판에서도 선도적 역할을 하고 있다.

라몬 이 카할이 1900년에 모스크바상을 받자, 그에 감동받은 알폰소 13세 국왕의 명령으로 이듬해에 생물학 연구소(LIB)가 창립되었다. 라몬 이 카할의 연구에 필요한 도움을 국가 차원에서 제공하기 위해서였다. 1906년에 노벨 생리학·의학상을 수상한 후 라몬 이 카할은 스페인 공공 교육 및 미술부 산하

과학연구확장위원회(JAE, 1907~1939)의 위원장으로 임명되었다. 그는 오랜 기간(1907~1932) 위원장으로 재임하면서 과학 연구의 현대화를 목표로 스페인의 교육 구조에 중대한 변화를 장려했는데, CSIC도 이런 노력의 일환으로 탄생했다. 생물학 연구소는 1932년에 카할 연구소(IC)로 명칭을 바꿨는데, 1939년 11월 24일 IC는 라몬 이 카할의 혁신적 유산을 고스란히 안은 채 CSIC에 통합되었다. CSIC의 이러한 기원을 고려하면, 이 조직의 아버지가 산티아고 라몬 이 카할이라는 사실을 아무도 부인할 수 없을 것이다.

카할 연구소가 존재해온 100년이 넘는 시간 동안, 연구소 소속의 저명한 과학자들과 전문가들은 신경생물학의 놀라운 발전에 기여해왔다. 오늘날 카할 연구소는 지식의 최종 목적이 사회의 안녕이라는 점을 늘 명심하면서, 스페인의 신경생물학 연구에서 주도적 역할을 유지하며 미래의 과제에 응할 태세를 갖추고 있다.

에밀리오 로라 타마요 도콘
스페인고등과학연구위원회 위원장

《이토록 아름다운 뇌》라는 제목의 전시와 책은 산티아고 라몬 이 카할이 그린 경이로운 그림들에서 영감을 받아 기획되었다. 신경과학자 에릭 A. 뉴먼과 알폰소 아라케가 와이즈먼 미술관에 이 그림들을 소개했다. 마드리드의 카할 연구소에서 일했던 아라케는 스페인 국경을 넘어서는 거의 공개된 적 없는 보물 같은 원본 그림들의 존재를 잘 알고 있었다. 우리 신경과학 부서의 제닛 M. 듀빈스키도 팀에 합류하여 뇌의 현대적 시각화 작업에서 큐레이팅을 담당했다. 뉴먼은 큐레이션 결정에도 참여했고, 각 그림에 관한 전문적 내용을 일반 대중이 이해

할 수 있는 언어로 소개해주었다. 세 신경과학자와 나는 이례적인 큐레이션 팀이 되었으며, 각자의 전문 지식을 인정하는 열린 마음이 이 일을 가능하게 해주었다.

스페인고등과학연구위원회에도 감사의 마음을 전하고 싶다. 위원장 에밀리오 로라 타마요 도콘과 부위원장 호세 라몬 우르키호 고이티아, 시설관리부장 마리아 델 카르멘 곤살레스 페냘베르, 관리계약부장 페드로 루이스 데 아르카우테, 그리고 카할 연구소의 소장 이냐시오 토레스 알레만과 부소장 리카르도 마르티네스 무리요에게 감사한다. 주미 스페인 대사 라몬 길 카사레스, 주캐나다 스페인 대사 카를로스 고메스 무히카 산스에게도 감사를 전한다. 과학 코디네이터이자 워싱턴 DC 주재 스페인 대사관의 스페인 과학기술재단 대표인 아나 엘로르사와, 라몬 이 카할의 그림을 훌륭하게 스캔해준 페르난도 산체스 가르시아에게도 특별히 고마움을 전하고 싶다. 이분들의 지지와 도움이 없었다면 이 책은 세상에 나올 수 없었다.

왕겐스틴 생물학 및 의학 역사도서관의 큐레이터 로이스 헨드릭슨은 라몬 이 카할의 선례로 볼 만한 역사 서적을 찾는 일을 도와주었고, 와이즈먼 미술관 인턴인 재클린 그미터코도 그 일에 도움을 주었다. 미술관의 모든 직원이 창의적이고 효율적으로 일해주었지만, 기록 담당관인 아네트 반 아켄과 에린 부샤르에게 특별히 감사한다. 우리 팀의 완전한 일원이 된 에이브럼스 출판사 에릭 히멜의 지식과 열정에도 고마움을 느낀다. 우리의 대들보인 큐레이션 조수 로리 모런은 우리 미술관과 스페인에서, 그리고 전시가 열리는 미국의 모든 곳에서 작은 것까지 무엇 하나 놓치는 부분이 없도록 꼼꼼히 챙겨주었다.

린델 킹
미니애폴리스 미네소타대학교 와이즈먼 미술관 관장 겸 수석 큐레이터

그림을 그린 과학자, 뇌를 본 예술가

어떤 책은 우리에게 지식을 주고, 어떤 책은 아름다움을 준다. 간혹 드물게, 두 가지를 동시에 주는 책이 있다. 《이토록 아름다운 뇌》는 그 두 범주를 자연스럽게 넘나든다. 이 책은 현대 신경과학의 창시자 산티아고 라몬 이 카할의 그림을 정밀하게 복원한 도판집이자, 과학사에서 가장 아름다운 실험 노트에 관한 이야기이며, 인간이 뇌를 이해하려 애썼던 지난 세기 뇌과학의 역사서다. 이 책을 읽는다는 것은, 백열등 아래의 실험실과 잉크 냄새 풍기는 스케치북, 그리고 아직 이름 붙지 않은 개념들이 자라고 있는 '마음의 숲'을 함께 거니는 일이다.

카할은 '그림을 그리는 뇌과학자'였다. 좀 더 정확히 말하면, 그는 '그림을 통해 뇌를 탐구하는 과학자'였다. 그의 그림은 단순한 삽화가 아니다. 그것은 해부된 조직 위에 그려진 개념이며, 죽은 뉴런 위에 생명의 궤적을 상상해낸 한 인간의 시선이다. 관찰은 그가 기억하는 방식이자 이해하는 수단이었고, 펜은 그에게 추론하는 손이었다. 그가 해부한 것은 단지 뇌 조직이 아니라, 생각이 어떻게 움직이고, 연결되며, 흔들리는지를 추적하는 '사유의 지도'였다.

현대 신경과학의 문을 연 뇌과학자

현대 신경과학의 역사는 카할로부터 시작된다. 스페인 출신의 해부학자이자 신경과학자인 그는 19세기 말에서 20세기 초까지 활동하며 뇌와 신경계의 구조를 연구했고, 신경과학의 기초 개념을 확립하는 데 결정적인 기여를 했다. 이 책에도 여러 번 등장하는 '뉴런주의'를 확립한 것은 그의 가장 중요한 업적이다. 그 시대에는 뇌가 하나의 거대한 연속된 망^{network}처럼 연결되어 있다는 '망상 이론'이 지배적이었다. 당시엔

신경세포 사이의 간극인 '시냅스'를 관찰할 만큼 해상도가 높은 현미경이 없었기 때문이다. 하지만 카할은 뇌의 구조가 연속적이지 않다는, 즉 각각 독립된 세포인 뉴런들이 서로 접촉할 뿐 연결되어 있지는 않다는 혁신적인 주장을 제시했다. 그는 골지 염색Golgi stain 기법을 활용해 수많은 뇌세포를 직접 관찰하고 정밀한 그림을 통해 뉴런의 구조와 연결 방식을 시각화했다.

카할은 뇌를 단순히 해부학적으로 묘사한 것을 넘어 뇌에서 신경 신호가 한 방향으로 흐른다는 개념, 즉 뇌 내 정보 흐름의 방향성을 제시했으며, 이는 이후 시냅스 이론의 발전에 크게 이바지한 '역동적 분극화dynamic polarization 이론'으로 이어졌다. 그의 연구는 뇌의 기능적 단위를 설명하는 데 결정적인 토대를 제공했고, 이후 모든 신경과학 연구의 기반이 되었다.

1934년 세상을 떠날 때까지 카할은 100편 이상의 논문과 다수의 저서를 남겼으며, 1906년에는 공동으로 노벨 생리학·의학상을 수상했다. 현대 신경과학의 문을 연 인물로 평가받는 카할의 시각적·개념적 유산은 오늘날까지도 뇌과학자들에게 깊은 영감을 주고 있다.

뇌의 가장 깊은 숲으로

이 책은 카할이 남긴 약 2900장의 신경계 그림 중 일부, 정확히 82점을 고르고 골라 실었다. 그 그림들은 골지 염색법으로 물든 신경 절편을 바탕으로 카할이 직접 관찰하고 재구성한 것으로, 가지돌기와 축삭돌기가 뻗어가는 방향과 밀도, 그 곡선의 미묘한 차이까지 정밀하게 포착되어 있다. 개인적으로는 몇 해 전, 뉴욕대학교에 방문했다가 같은 이름의 전시에서 이 작품들을 본 적이 있는데, 그때 나는 그의 그림에 완전히 매료되었다. 그림을 통해 카할이 과학의 눈을 넘어 예술의 경지로 뇌를 바라보고 있었다는 걸 단번에 알 수 있었다.

우리는 카할의 펜 끝에서 뇌의 숲을 본다. 가지처럼 뻗어나가는 뉴런은 카할이 그토록 사랑한 식물적 은유를 통해 묘사된다. 그는 대뇌피질의 피라미드뉴런을 "매일 꽃을 피우고 열매를 맺는 나무"라 불렀고, 푸르키녜세포는 "우리 공원에서 가장 우아한 나무"라고 말했다. 그의 뇌는 숲이며, 이 숲은 슬라이드 글라스 위에서도 여전히 살아 있다.

카할의 그림은 단지 묘사가 아니다. 그것은 이론의 주장이자 근거다. 그는 뉴런 간 정보 흐름을 예측하기 위해 도해를 그리고, 다른 학자들이 무시하던 가지돌기가시 하나하나에 집중한다. 뇌의 미로 속에서 그는 개념을 찾고, 그것을 시각화함으로써 확장된 사고를 한다.

뉴런이라는 발명

19세기 말, 뇌는 아직 미지의 영역이었다. 당대 학자들은 뇌를 '거대한 연속적 그물망'으로 여겼다. 하지만 카할은 골지 염색 기법을 통해 그 믿음에 반기를 들었다. 그는 뉴런이 '서로 떨어져 있는, 개별적인 단위'라고 주장했다. 오늘날 우리가 '뉴런주의'라 부르는 이 개념은, 뇌과학을 신경회로학으로 전환시킨 혁명적 전환점이었다.

카할의 두 번째 혁신은 '역동적 분극화 이론'이다. 그는 측정 장비도 없이, 단지 관찰하고 그리는 과정을 통해 '정보가 가지돌기에서 세포체를 거쳐 축삭돌기로 흐른다'는 이 이론을 생각해냈다. 이는 훗날 전기생리학을 통해 사실로 입증되었다. 전기신호도, 시냅스도 볼 수 없던 시대에 이 모든 걸 단지 '보고', '그리고', '상상하며' 떠올린 것이다. 사람들은 이 과정을 '과학적 추론'이라고 불렀지만, 어쩌면 이것은 일종의 '예술적 직관'이었을지도 모른다.

카할이라는 인간, 그리고 사유의 형식

책의 전반부는 과학자의 전기다. 스페인 북부의 가난한 시골에서 태어난 카할은 화가가 되고 싶었지만 의사가 되기를 강요받았고, 그림을 통해 결국 세계적인 신경과학자가 되었다. 덕분에 그의 학문은 늘 예술과 함께였다. 그는 사진을 독학했고, 해부학 교재의 그림을 직접 그렸고, 드로잉을 통해 뉴런 이론을 정교화했다. 어떤 날은 하루 15시간을 일했고, 의미 있는 발견을 할라치면 밤을 꼬박 새웠다. 카할의 관찰력은 초인적이었다. "백혈구 하나가 모세혈관을 빠져나가는 걸 스무 시간 동안 지켜본 적도 있다"고 그는 썼다. 또한 그는 자서전에서 이렇게 말했다. "나는 시각적 인간이다." 그에게 그림은 단지 관찰의 결과물이 아니라 사유하는 방식 그 자체였다.

《이토록 아름다운 뇌》의 미덕은 단순히 그림이 아름답다는 데 있지 않다. 독자에게 아주 오래된 질문을 던진다는 데 있다. 책은 독자에게 냉철하게 묻는다. "우리는 관찰하고 있는가, 아니면 그저 응시하고 있을 뿐인가? 우리는 정말 사고하고 있는가, 아니면 이미 굳어진 시선으로 보고 싶은 대로 보며 개념을 억지로 끼워 맞추고 있지는 않은가?"

우리는 진정 보고 있는가? 카할은 대답한다. "아니, 그려야 비로소 본다고 말할 수 있다"고. 카할의 시대, 생물학자들은 '그리지 않은 것은 관찰하지 않은 것'이라고 믿었다. 카할은 그 믿음에 더해 "그린다는 행위 자체가 사고의 정밀성을 끌어올린다"고 주장했다. 이 책은 '그리지 않으면 제대로 보지 못한다'는 오래된 생물학의 교훈을 다시 상기시킨다. 그의 그림은 사유의 형식이며, 관찰의 윤리였다. 이 책은 현대 뇌과학자들에게도 조용히 역설한다. "그저 보지 말고, 관찰하라. 그저 응시하지 말고, 그려라." 카할의 그림에는 관찰하고 구성하고 재현하는 즐거움, 머릿속의 가설을 손끝으로 끌어내는 방법, 이성과 미감을 동시에 요구하는 과학적 사유의 미학이 고스란히 담겨 있다.

이 책은 세상의 모든 뇌과학자들의 책상 위에 놓여야 할 고전이다. 특히 신경과학을 공부하는 학생들에게 귀중한 교과서이자 창조적 상상력의 원천이 될 것이다. 나처럼 뇌와 로봇을 서로 연결하려 애쓰고 인공지능도 인간의 뇌처럼 사고하게 하려는 과학자라면, 이 책에서 카할의 전기회로적 사고가 오늘날의 최첨단 전자 기술들과 어떻게 얼마나 긴밀히 연결되어 있는지를 놀라운 시선으로 발견하게 될 것이다. 그러나 단지 과학자에게만 허락될 책은 아니다. 예술가들은 여기서 자연이 가진 패턴의 논리와 곡선의 원리를 배울 것이며, 철학자들은 뇌의 구조가 어떻게 사유의 형식을 가능케 하는지 사색하게 될 것이다.

맺으며: 뇌는 하나의 풍경이다

이 책의 마지막 장에 다다를 즈음, 우리는 한 가지 진실을 맞닥뜨리게 된다. 라몬 이 카할은 뇌를 그린 것이 아니라, 자기 자신을 그린 것이라는 사실을. 뇌의 나뭇가지들은 상상력의 신경망이고, 축삭돌기의 선은 사유의 방향이고, 가지돌기 하나하나는 그가 이 세계와 맺은 연결의 흔적이다. 그가 그린 것은 결국 한 인간이 자기 안의 우주를 헤매며 남긴 탐구의 좌표들이다.

《이토록 아름다운 뇌》는 단지 뇌의 지도나 과학사의 한 장면이 아니라, 인간이라는 존재가 어떻게 자연을 바라보고, 이해하며, 사랑했는지를 보여주는 가장 아름다운 기록물이다. 마지막 장에서 그림은 끝났지만, 그 사유는 오늘날에도 계속된다.

정재승 (KAIST 뇌인지과학과 교수 및 융합인재학부 학부장)

참고문헌

산티아고 라몬 이 카할

1 산티아고 라몬 이 카할, 《내 인생의 회상Recollections of My Life(Recuerdos de mi vida)》, E. Horne Craigie with Juan Cano 옮김, Cambridge: MIT Press, 1989, 291쪽.

2 《내 인생의 회상》, 321쪽.

3 《내 인생의 회상》, 325쪽.

4 G.M. Shepherd, 《뉴런주의의 토대Foundations of the Neuron Doctrine, 25th anniversary edition》, Oxford: Oxford University Press, 2016.

5 새의 소뇌: Santiago Ramon y Cajal, "조류 중추신경계의 구조Estructura de los centros nerviosos de las aves," 정상 및 병리 조직학 계간 저널Revista trimestral de Histologia normal y patologica 1 (1888): 110. 자신의 원리들에 대한 라몬 이 카할의 체계적 확인에 관해서는: 산티아고 라몬 이 카할, 《인간 및 척추동물의 신경계 조직학Histologia del sistema nervioso del hombre y de los vertebrados[Histologie du systeme nerveux de l'homme et des vertebres]》, L. Azoulay, Paris: Maloine 옮김, 1909, 1911. 영어 번역본: 산티아고 라몬 이 카할, 《Histology of the nervous system of man and vertebrates》, Neely Swanson and Larry W. Swanson 옮김, New York: Oxford University Press, 1995.

아름다운 뇌를 그리다

6 1900년에 카할은 한 저널리스트에게 자신이 그림을 1만 2000점 넘게 그렸다고 말했는데, 지금은 약 2900점만 남아 있다.

7 《내 인생의 회상》, 17쪽.

8 《내 인생의 회상》, 36쪽.

9 《내 인생의 회상》, 169~170쪽.

10 《내 인생의 회상》, 83쪽, 146~147쪽, 278쪽.

11 위대한 19세기 신경과학자들의 해부학적 삽화를 연구한 대표적 전문가인 하비에르 데 펠리페Javier De Felipe는 이렇게 썼다. "그림을 그릴 때 관찰자는 자신이 중요하다고 여기는 세부를 강조해야 한다. 한 과학자가 핵심 요소로 본 것을 다른 과학자는 알아보지 못할 수 있고, 그리하여 두 전문 해부학자가 같은 표본을 보고도 근본적으로 다른 그림을 만들어낼 수도 있다." 칼 스쿠너Carl Schoonover 엮음, "현대 신경과학의 탄생: 산티아고 라몬 이 카할The Birth of Modern Neuroscience: Santiago Ramon y Cajal,"《정신의 초상Portraits of the mind》, New York: Abrams, 2010, 52쪽.

12 Gunnar Grant, "골지는 어떻게 1906년 노벨 생리학·의학상을 카할과 공동 수상하게 되었나How Golgi Shared the 1906 Nobel Prize in Physiology or Medicine with Cajal," Nobelprize.org, September 12, 1999, http://www.nobelprize.org/nobel_prizes/medicine/laureates/1906/article.html.

13 일부 저자들은 라몬 이 카할이 관찰 시간과 그림 그리는 시간을 엄격히 분리하여 사실상 모든 그림을 기억에만 의지해 그렸다고 주장하지만, 그가 현미경을 보며 그림 그리는 모습을 보았던 동료들과 학생들의 증언도 있다. 카할의 조직학 슬라이드와 그걸 그린 그림의 차이를 보여주는 흥미로운 다음 논문도 보라. Pablo Garcia-Lopez, Virginia Garcia-Marin, Miguel Freire, "카할의 조직학 슬라이드와 그림들The Histological Slides and Drawings of Cajal," *Frontiers in Neuroanatomy* 4 (March, 2010): Article 9.

14 Milton Glaser and Judith Thurman, 《드로잉은 사고다Drawing Is Thinking》, New York: Overlook Press, 2008.

15 Al Tauber, ed., 《잡히지 않는 종합: 미학과 과학The Elusive Synthesis: Aesthetics and Science》, New York: Springer, 2012, 60쪽. 라몬 이 카할의 말은 로라 오티스가 쓴 《막들Membranes》, Baltimore: Johns Hopkins University Press, 2000, 83~84쪽에 인용되어 있다.

16 《막들》, 84쪽.

17 《내 인생의 회상》, 338쪽.

18 Kelly Minner, "프랭크 게리와의 인터뷰", April 21, 2011, ArchDaily, http://www.archdaily.com/129680/interview-with-frank-gehry. 게리의 그림과 디세뇨에 관한 논의는 다음 책에서 더 볼 수 있다. Horst Bredekamp's introduction to Mark Rappolt et. al., 《게리, 그림을 그리다Gehry Draws》, Boston: MIT Press, 2004.

19 Charles Scott Sherrington, "카할 박사에 관한 회고A Memoir of Dr. Cajal", 《사람 뇌의 탐험가: 산티아고 라몬 이 카할의 삶Explorer of the Human Brain: the Life of Santiago Ramon y Cajal, Dorothy F. Cannon》, New York: Henry Schuman, 1949, xiiixiv.

20 《정신의 초상》, 59쪽.

21 산티아고 라몬 이 카할이 닥터 박테리아Dr. Bacteria라는 필명으로 쓴 "교정된 염세주의자The Corrected Pessimist". 로라 오티스가 번역한 공상과학 단편집《휴가 이야기Vacation Stories》에 수록, Champaign, Illinois: University of Illinois Press, 2001.

22 카할의 그림에 대한 초현실주의자들의 관심을 탐색한 전시회 '꿈의 생리학: 카할, 탕기, 로르카, 달리Fisiologia de los suenos. Cajal, Tanguy, Lorca, Dali' 가 2015년 스페인의 사라고사에서 열렸다.

23 산티아고 라몬 이 카할, 《여든 살에 바라본 세상El mundo visto a los ochenta anos: impressiones de un arteriosclerotico》, Madrid: Artistica, 1934.

그림들

―뇌를 구성하는 세포들

24 산티아고 라몬 이 카할, "중추신경계의 미세 구조Estructura intima de los centros nerviosos," *의과학 저널Revista de Ciencias Medicas* 20 (1894): 159-160.

25 《내 인생의 회상》, 364쪽.

26 산티아고 라몬 이 카할, "사람 뇌 신경교의 이해를 위한 기고문Contribucion al conocimiento de la neuroglia del cerebro humano," *생물학 연구 논문집 Trabajos del Laboratorio de Investigaciones Biologicas*, Tomo XI (1913), 255314, 313.

27 《내 인생의 회상》, 261쪽.

28 산티아고 라몬 이 카할, "생각, 연상, 주의의 해부학적 메커니즘에 관한 몇 가지 추측Algunas conjeturas sobre el mecanismo anatomico de la ideacion, asociacion y atencion," *임상 의학 및 외과 저널Revista de Medicina y Cirugia Practicas* (1895), 11.

―감각계

29 《내 인생의 회상》, 576쪽.

30 《내 인생의 회상》, 383~384쪽.

31 《내 인생의 회상》, 472쪽.

32 산티아고 라몬 이 카할, 《뉴런 이론인가 망상 이론인가Neuron Theory or Reticular Theory》, M. Ubeda Purkiss and Clement A. Fox 옮김, Madrid: Instituto Ramon y Cajal, 1954, 29쪽.

―뉴런 경로

33 《내 인생의 회상》, 389쪽.

34 "카할 박사에 관한 회고", 《사람 뇌의 탐험가: 산티아고 라몬 이 카할의 삶》, xii.

35 《내 인생의 회상》, 363쪽.

36 《내 인생의 회상》, 415쪽.

37 《내 인생의 회상》, 414쪽.

―발달과 병리

38 "카할 박사에 관한 회고", 《사람 뇌의 탐험가: 산티아고 라몬 이 카할의 삶》, xii

39 《내 인생의 회상》, 369쪽.

지금 우리가 보는 아름다운 뇌

40 Jean Livet, Tamily A. Weissman, Hyuno Kang, Ryan W. Draft, Ju Lu, Robyn A. Bennis, Joshua R. Sanes, and Jeff W. Lichtman, "신경계에서 형광 단백질의 조합 발현을 위한 형질전환 전략Transgenic strategies for combinatorial expression of fluorescent proteins in the nervous system," *Nature* 450 (2007): 5662.

41 A. Wertz, S. Trenholm, K. Yonehara, D. Hillier, Z. Raics, M. Leinweber, G. Szalay, A. Ghanem, G. Keller, B. Rozsa, K.K. Conzelmann, and B. Roska, "시냅스 전 네트워크. 단일 세포에서 시작된 단일 시냅스 추적은 계층별 피질 네트워크 모듈을 드러낸다Presynaptic Networks. Single-cell-initiated monosynaptic tracing reveals layer-specific cortical network modules," *Science* 349 (2015): 7074.

42 www.eyewire.org.

43 Narayanan Kasthuri, Kenneth J. Hayworth, Daniel R. Berger, Richard L. Schalek, Jose A. Conchello, Seymour Knowles-Barley, Dongil Lee, Amelio Vazquez-Reina, Verena Kaynig, Thouis R. Jones, Mike Roberts, Josh L. Morgan, Juan C. Tapia, H. Sebastian Seung, William G. Roncal, Joshua T. Vogelstein, Randal Burns, Daniel L. Sussman, Carey E. Priebe, Hanspeter Pfister, and Jeff W. Lichtman, "신피질 일부 영역의 완전한 재구성Saturated Reconstruction of a Volume of Neocortex," *Cell* 162 (2015): 648661.

44 B. G. Wilhelm, S. Mandad, S. Truckenbrodt, K. Krohnert, C. Schafer, B. Rammner, S.J. Koo, G.A. Classen, M. Krauss, V. Haucke, H. Urlaub, and S.O. Rizzoli, "분리된 시냅스 말단의 구성은 소포 이동 단백질들의 양을 보여준다Composition of isolated synaptic boutons reveals the amounts of vesicle trafficking proteins," *Science* 344 (2014): 10231028.

45 Stephen M. Smith, Karla L. Miller, Steen Moeller, Junqian Xu, Edward J. Auerbach, Mark W. Woolrich, Christian F. Beckmann, Mark Jenkinson, Jesper Andersson, Matthew F. Glasser, David C. Van Essen, David A. Feinberg, Essa S. Yacoub, and Kamil Ugurbil, "시간적 제약에서 자유로운 자발적 뇌 활동의 기능 모드들Temporally-independent functional modes of spontaneous brain activity," *PNAS* 109 (2012): 31313136.

46 《내 인생의 회상》, 363쪽.

옮긴이 **정지인**

번역하는 사람. 《호라이즌》, 《욕구들》, 《자연에 이름 붙이기》, 《경험은 어떻게 유전자에 새겨지는가》, 《우울할 땐 뇌과학》, 《마음의 중심이 무너지다》, 《물고기는 존재하지 않는다》, 《불행은 어떻게 질병으로 이어지는가》, 《내 아들은 조현병입니다》 등을 번역했다.

감수 및 해제 **정재승**

KAIST 뇌인지과학과 교수이자 융합인재학부 학부장이다. 복잡계 및 통계 물리학적인 접근을 통해 인간의 의사결정 과정을 연구하고 이를 정신질환 모델링, 뇌-기계 인터페이스, 인간 뇌를 닮은 인공지능 및 소셜 로봇 개발에 적용하는 학자다. 〈네이처〉를 포함해 세계적인 학술지에 120여 편의 논문을 출간한 바 있으며, 국내외 학술상을 여럿 수상했다. 지은 책으로 《정재승의 과학 콘서트》, 《열두 발자국》, 《정재승의 인간 탐구 보고서(공저)》 등이 있다.

이토록 아름다운 **뇌**

초판 1쇄 펴낸날 2025년 9월 25일

지은이 래리 스완슨, 린델 킹, 알폰소 아라케, 에릭 뉴먼, 에릭 히멜, 재닛 듀빈스키
옮긴이 정지인
감수 및 해제 정재승
펴낸이 이은정

디자인 행복한 물고기Happyfish
제작 제이오

펴낸곳 아몬드
출판등록 2021년 2월 23일 제2021-000045호
주소 경기도 고양시 덕양구 청초로 10 지엘메트로시티한강 A1동 1716호
전화 02.3158.2103 **팩스** 031.5176.0311
전자우편 almondbook@naver.com
페이스북 /almondbook2021 **인스타그램** @almondbook
ISBN 979-11-92465-26-5 93470

THE
BEAUTIFUL
BRAIN

래리 W. 스완슨 Larry W. Swanson

서던캘리포니아대학교 생명과학부 신경생물학과 '밀로 돈 앤드 루실 애플먼 교수'이자 《뇌의 설계Brain Architecture》(2001)의 저자로 미국 신경과학회 회장을 역임했다.

에릭 A. 뉴먼 Eric A. Newman

MIT에서 학사와 석사, 박사 학위를 취득한 뒤 셰펜스 눈 연구소에서 박사 후 과정을 거쳐 미네소타대학교 신경과학과 '맥나이트 유니버시티 특훈 교수'로 재임 중이다.

알폰소 아라케 Alfonso Araque

마드리드의 카할 연구소에서 여러 해를 보낸 뒤 미네소타대학교 신경과학과 '로버트 앤드 일레인 라슨 신경과학 연구 석좌 교수'로 일하고 있다.

재닛 M. 듀빈스키 Janet M. Dubinsky

미네소타대학교 신경과학과 교수로 2009년 미국신경과학회 과학교육자상을 수상했다.

린델 킹 Lyndel King

미네아폴리스에 있는 프레더릭 R. 와이즈먼 미술관 관장이자 수석 큐레이터다. 2020년에는 미국 박물관협회의 최고 영예인 박물관 특별공로상을 수상했다.

에릭 히멜 Eric Himmel

뉴욕 에이브럼스 북스의 편집장을 역임했다.